图片 © 艾芙琳·斯托卡特

每售出一本书
将种植一棵树

我们的承诺

从2020年起，3dtotalPublishing承诺通过与慈善机构合作并捐赠适当金额的资金来支持植树造林，每售出一本书将种植一棵树。这是我们实现雄心壮志的第一步，即通过发行碳中和出版物打造碳中和公司。客户通过在3dtotalPublishing购买的产品可以了解到，我们正在为平衡出版、航运和零售业所造成的环境破坏做出努力。

图片 © 伊兹·伯顿

Beginner's Guide to Digital Painting in Procreate

Procreate
How to Create Art on an iPad

数字绘画从入门到精通

英国 3dtotal 出版社 著
杨雪果 李洋 译

电子工业出版社
Publishing House of Electronics Industry
北京·BEIJING

Copyright © 3dtotal Publishing

Simplified Chinese translation rights arranged with 3dtotal.com Ltd

Through Chinese Connection Agency

All rights reserved. No part of this book can be reproduced in any form or by any means, without the prior written consent of the publisher. All artwork, unless stated otherwise, is copyright © 2020 3dtotal Publishing or the featured artists. All artwork that is not copyright of 3dtotal Publishing or the featured artists is marked accordingly.

本书英文版的简体中文翻译版权由3dtotal.com Ltd通过姚氏顾问社版权代理公司授予电子工业出版社。版权所有，未经出版方事先书面同意，不得以任何形式或任何方式复制本书的任何部分。除另有说明之外，所有艺术作品的版权归©2020 3dtotal Publishing或特邀艺术家所有。所有版权不属于3dtotal Publishing或特邀艺术家的艺术作品都有版权说明。

版权贸易合同登记号 图字：01-2021-2543

图书在版编目（CIP）数据

Procreate 数字绘画从入门到精通 / 英国 3dtotal 出版社著；杨雪果，李洋译. — 北京：电子工业出版社，2021.7

书名原文：Beginner's Guide to Digital Painting in Procreate: How to Create Art on an iPad

ISBN 978-7-121-41405-3

Ⅰ．①P… Ⅱ．①英… ②杨… ③李… Ⅲ．①图像处理软件 Ⅳ．① TP391.413

中国版本图书馆 CIP 数据核字（2021）第 117168 号

责任编辑：张艳芳　　　　　特约编辑：田学清
印　　刷：天津市银博印刷集团有限公司
装　　订：天津市银博印刷集团有限公司
出版发行：电子工业出版社
　　　　　北京市海淀区万寿路 173 信箱　　邮编：100036
开　　本：787×1092　1/16　印张：13.5　字数：308.8 千字
版　　次：2021 年 7 月第 1 版
印　　次：2022 年 9 月第 5 次印刷
定　　价：108.00 元

凡所购买电子工业出版社图书有缺损问题，请向购买书店调换。若书店售缺，请与本社发行部联系，联系及邮购电话：（010）88254888，88258888。

质量投诉请发邮件至 zlts@phei.com.cn，盗版侵权举报请发邮件至 dbqq@phei.com.cn。

本书咨询联系方式：（010）88254161～88254167 转 1897。

图片 ©尼古拉斯·科尔

前言

卢卡斯·佩纳多

欢迎来到Procreate！无论你是刚入门的数字绘画创作者，还是使用Photoshop甚至使用其他数字绘画软件的创作人员都没有关系，本书将颠覆你的绘画方式。

让我们先介绍一下Procreate，它是一款专门为iPad和Apple Pencil设计的数字绘画应用程序。（它也可以在iPhone上作为Procreate Pocket被提供。）Procreate背后的公司——Savage Interactive与艺术家社区紧密合作，且欢迎来自CG（计算机图形学）的创意人士提出问题和建议。Procreate这款开源软件对数字创作人员来说非常容易上手操作。

有了简单的访问菜单和反应灵敏的手势控制功能，你可以获取创造惊人的艺术品所需的所有工具。Procreate不仅对任何一个拥有iPad的用户来说是一个实惠的选择，而且它已经迅速成为插图和娱乐行业中广泛使用的应用程序。

▼ 在iPad上使用 Procreate 随时随地绘画

© 马蒂亚斯·阿图罗·潘·阿莫多

Procreate所使用的硬件使其成为外出绘画的理想选择——可以在家里、在公共汽车上或在飞机上绘画。Apple的排他性意味着没有来自桌面软件的杂乱摆放问题，也没有与硬件的兼容性问题。Procreate可以在App Store中进行一次性的交易。

选择你的工具

Procreate可以与Apple Pencil或第三方触控笔一起使用。作为专业艺术家的首选工具，Apple Pencil将为你提供最佳效果，因为它具有先进的压感和倾斜功能，能够模仿传统绘画制作出大量的笔触和效果。虽然第三方触控笔也可以被很好地使用，但如果你想从Procreate中获得最大收益，那么在准备好投资的时候你可能希望同时入手Apple Pencil。

什么是数字绘画

对于刚接触CG艺术的小伙伴，我们将简要介绍数字绘画的概念，以帮助你为初次接触屏幕做好准备。虽然数字绘画软件，特别是Procreate等定制软件，它们与传统绘画媒介有许多相似之处，但工作流程可能大不相同。值得一提的是，图像通常是在图层中构建的，你可以决定这些图层之间是如何相互作用的。例如，你可能希望其中一个图层影响另一个图层，就好像在进行分层绘制一样；或者你可能希望有一个独立工作的图层，就好像遮住某个区域一样。这些功能能够在工作时分别应用于绘画的各个部分和阶段，从而节省时间，让你能够专注于创造性的工作。

在使用Procreate时，只需轻触一个按钮，就可以创建自己的画笔，制作图形，并轻松地进行图像调整。所有这些功能都集合了灵活性和速度的优势，这是在使用传统媒介进行绘画时无法达到的。另外，你可以在一个地方对工具和颜色进行无限的排列组合！这是在繁忙的工业环境中工作的理想选择，也是外出活动时的理想选择——无须清洁脏乱的画笔，也无须担心纸张受损。

虽然一开始在屏幕上工作可能会让人望而生畏，但直观的Procreate设置使这个过程变得通俗易懂、令人愉快。熟悉应用程序和大量的实践是成功的关键，所以翻开本书，找出如何最大限度地利用本书来开启你的数字绘画之旅。

效果图 © 艾夫琳·斯托卡特

图片 © 塞缪尔·英基莱宁

目录

如何使用本书	10
基础入门	12
用户界面	14
设置	16
手势	24
画笔	28
颜色	38
图层	42
选区	50
变换	54
调整	58
操作	66
项目流程	72
插图	74
伊兹·伯顿	
角色设计	92
艾芙琳·斯托卡特	
奇幻景观	108
塞缪尔·英基莱宁	
幻想生物	124
尼古拉斯·科尔	
传统媒体	140
马克斯·乌利奇尼	
太空飞船	158
多米尼克·梅耶	
户外写生	174
西蒙妮·格吕内瓦尔德	
科幻生物	190
山姆·纳索尔	
术语表	206
工具指南	207
可下载资源	208
编著者	210

如何使用本书

我们与才华横溢的行业专业人士合作，共同编写了一本书，专为具有创新思维的Procreate初学者量身打造。我们建议你从阅读介绍性章节开始。基础入门章节将提供界面的简要概述，并说明如何创建和组织文件。然后在手势、画笔、颜色、图层、选区、变换、调整和操作章节将探索Procreate中的大量工具。

每一章节都将指导你如何使用Procreate的基础知识，包括各种手势、工具和数字绘画所需的技巧，以及如何将它们整合到个人的工作流程中。认真阅读每一章节，并尝试使用不同的工具，以获得最大的好处。

一旦你阅读了介绍性章节且很好地掌握了基础知识，就可以按照自己的方式完成本书8个项目流程章节的练习。这些项目涵盖了一系列的主题、风格和方法，并将按步骤指导你在Procreate中创建艺术作品。在每个项目开始时，你会看到一个关于学习目标的清单，其中包括在完成相应步骤时将学习到的创造性技巧。

艺术家提示框会贯穿整个介绍性章节和项目章节，在这里会提供一些有价值的建议和创造性的见解。

在本书的末尾，还有一个有用的术语表和工具指南，可以根据需要进行参考。

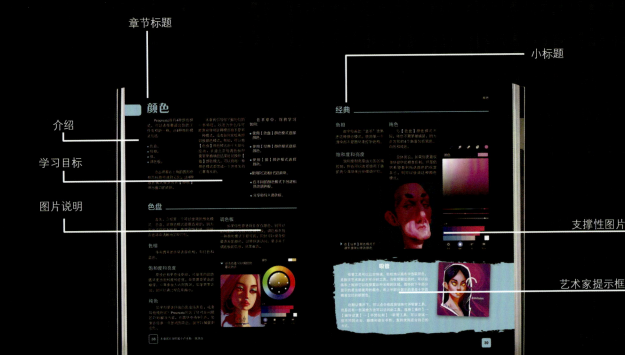

如何使用本书

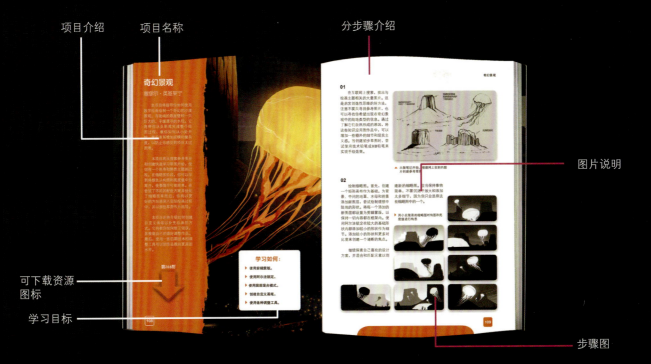

项目介绍　项目名称　　　　　　　分步骤介绍

可下载资源
图标

学习目标

图片说明

步骤图

可下载资源

本书背后的艺术家们提供了一系列可下载的资源帮助你学习。而且本书末尾提供了可下载资源的完整列表（见第208页）。其中包括项目中使用的自定义画笔、缩时视频和线条艺术。我们应确保在开始项目之前下载这些文件。如果有可下载资源，则在章节开头会有一个箭头图标。

▶ 注意
可下载资源
图标

触摸屏手势

如前文所述，Procreate使用一系列手势来执行某些动作。例如，要撤销某个操作，可以用两个手指轻触屏幕。为了帮助你快速学习并充分使用手势，我们在书中使用以下符号来表示所需的内容。

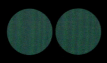

用一个手指按
住屏幕

用两个手指按
住屏幕

滑动

用一个手指按
住并滑动

11

基础入门

现在你已经对本书的内容有了一个大致的了解，那么下一步呢？现在是时候探索这个直观的软件所提供的所有工具了，所以你应当通过软件功能预置好点击、滑动和绘制方式。

这部分将带你回归开始，你将发现许多用于创建新画布的实用选项。在这里你将发现各种各样的功能和技巧，并最大限度地发挥你的创造力，从如何组织你的工作、使用快速便捷的手势到你需要掌握的一切内容，如画笔、颜色、图层、效果等。你甚至可以学习如何自定义应用程序以获得量身定制的体验。

因此，拿出iPad，根据这部分内容并按照自己的方式进行最终的实践训练，在需要时随时参考。相信你很快就会踏上令人惊叹的数字艺术创造之路。

本章图片版权属于卢卡斯·佩纳多

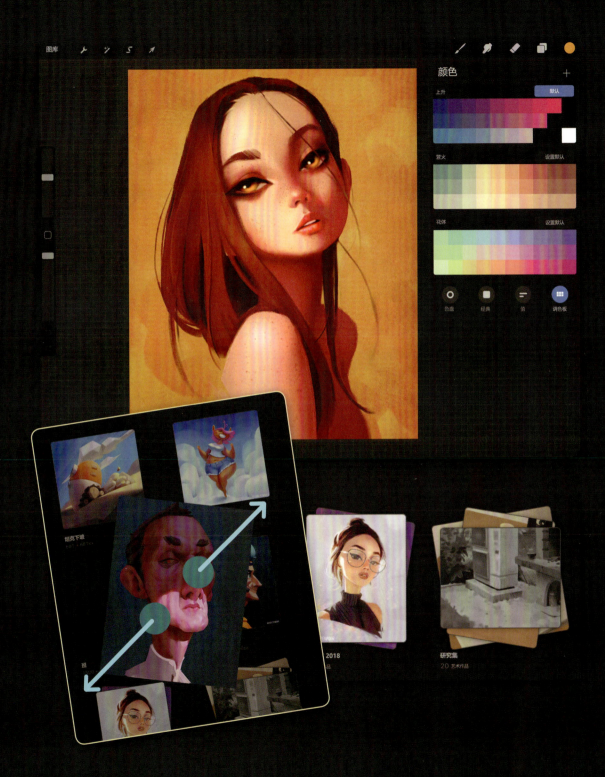

用户界面

在本章中,你将学习如何:

- 浏览用户界面的主要元素。
- 在图库和屏幕画布之间浏览。

Procreate的用户界面(UI)用于用户与软件交互,由菜单、图标和按钮组成。在Procreate的用户界面上看到的第一个屏幕画面是你的图库,可以在其中创建和组织文件。同时你将看到一些由Procreate提供的艺术品示例。

点击Procreate图标可以检查你的软件版本。Procreate会定期发布更新版本,无须额外费用,以确保软件得到优化。

在图库的右上角,你可以选择文件、从设备或照片导入新文件,以及创建自定义尺寸的新画布。

如果你点击任何一个示例作品,或者创建一个新的作品,该作品都将被发送到画布中。这也将是你在应用程序中花费大部分时间的地方。

如果你的iPad没有锁定屏幕旋转,那么你可以在纵向或横向模式下进行绘制,而用户界面会自动适应设备的方向。

▼ Procreate的图库显示你所有的画布

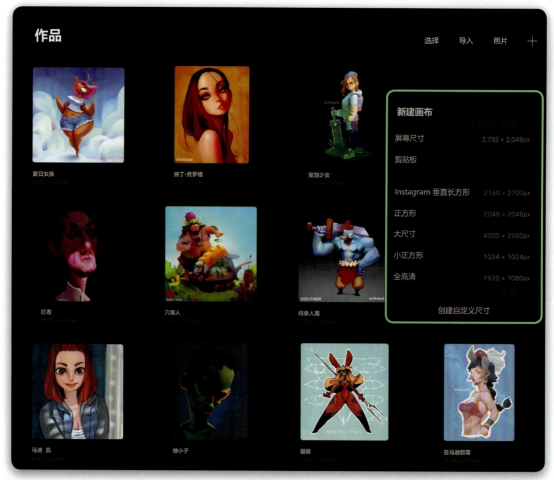

本章图片版权属于卢卡斯·佩纳多

用户界面

少即是多

不要担心用户界面（可以缺少它）。Procreate的简洁界面将是你越来越喜欢它的特征之一，因为你可以只拥有真正需要的工具。

▲ 绘制需要的所有工具都可以在画布屏幕中找到

左侧边栏

左侧边栏包含画笔不透明度滑块（画笔绘制的不透明程度）、画笔尺寸滑块，以及一个方便使用的修改按钮，该按钮将在本书后面进行介绍。在它们下面是撤销和重做按钮，方便你在绘制步骤中来回切换。

顶部工具栏

一旦进入画布，就可以看到可用的顶部工具栏。顶部工具栏的左侧包含用于将你带回图库的图标，以及用于调出【操作】、【调整】、【选区】和【变换】菜单的图标。稍后你将了解有关这些功能的更多信息。

顶部工具栏的右侧依次是画笔、涂抹、擦除、图层和颜色工具的图标。当你点击其中一个图标时，就会出现对应的弹出窗口。弹出窗口是一个下拉菜单或列表，包含其他内容、设置或选项。例如，点击图层的图标，将出现【图层】弹出窗口。

15

设置

现在我们已经熟悉了Procreate的基础界面,下面我们可以进一步了解如何设置一个新的工作画布,以及如何组织图库。

在本章中,你将学习如何:

- 创建新画布。
- 从图库中删除、复制和分享文件。
- 选择要使用的文件类型。
- 重新排列并将文件分组到堆栈中。
- 通过预览图库文件且无须打开它们来加速浏览。
- 选择多个文件以执行批量操作。

创建新画布

预设尺寸

在Procreate中,有几种方法可以创建新画布。如果想要创建空白画布,则可以点击图库屏幕右上角的+图标,将打开包含几个不同尺寸的【新建画布】菜单。

如果想要根据这些预先确定的尺寸中的一个来创建画布,则只需点击你选择的尺寸,即可立即将该文件尺寸发寸将被发送到画布中。此自定义尺寸将在下次创建新画布时显示为一个选项。

导入文件和照片

如果选择【导入】选项,则将打开iPad中的文件浏览器,在此你可以从iPad文档、iCloud或Google Drive中导入文件;如果选择【照片】选项,则将允许你从设备的照片中导入文件,在你想要打开

纳丁·克罗格
1080 × 1350px

穴居人
1280 × 1280px

▼ 点击+图标以打开一个新画布

新建画布	
屏幕尺寸	2,732 × 2,048px
剪贴板	
Instagram 垂直长方形	2160 × 2700px
正方形	2048 × 2048px
大尺寸	4000 × 2500px
小正方形	1024 × 1024px
全高清	1920 × 1080px
创建自定义尺寸	

新建画布	
屏幕尺寸	2,732 × 2,048px
剪贴板	
(Instagram 垂直长方形)	(2160 × 2700px)
正方形	2048 × 2048px
大尺寸	4000 × 2500px
小正方形	1024 × 1024px
(全高清)	(1920 × 1080px)
创建自定义尺寸	

▲ 保存最常用的画布尺寸以备将来使用

创建自己的预设尺寸

虽然Procreate会自动保存你所做的任何自定义尺寸，但是提前计划、创建并命名一些常用分辨率的预设尺寸还是很有帮助的。每当你开始一次新的绘画操作时，尤其是在发现自己经常使用相同尺寸的画布时，这将会极大地节省时间。

删除、复制和分享

删除、复制和分享文件很容易完成。用一个手指按住图库屏幕上的一个文件并向左滑动将显示3个选项。

删除

【删除】选项用于清除文件。需要注意的是，我们应当经常备份文件，因为已删除的文件无法被修复。

复制

【复制】选项用于创建文件的副本。如果想要为自己的作品创作一些极端的效果，或者想要保存不同效果的版本，则【复制】是一个很有用的选项。

分享

最后，【分享】选项用于以多种格式导出你的作品，这些格式将在下一节进行介绍。

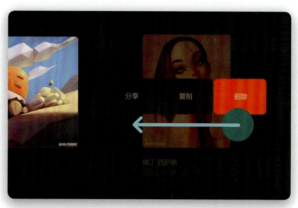

▲ 用一个手指按住文件并向左滑动以共享、复制和删除文件

文件支持

Procreate变得越来越支持各种文件格式传输，从它自身的PROCREATE格式到Photoshop必不可少的PSD格式。下面我们来看一些可以使用的格式，以及选择其中一种格式而不是其他格式的原因。

PROCREATE

PROCREATE格式是应用程序的本地格式，如果需要在Procreate中再次打开这个文件，则应以此文件格式导出。除了Procreate本身所支持的图层，这个格式的独到之处是它可以记录作品的缩时视频（此功能将在本书第66页的操作章节中介绍）。

PSD & TIFF

除了PROCREATE格式，只有PSD & TIFF格式支持图层模式。如果需要保存图层信息，并且能够在其他软件中编辑文件，则可以使用这两种格式。

PDF

如果需要打印图片，则PDF格式是一个很好的选择。

JPEG和PNG

如果需要以数字方式分享这些文件，则JPEG和PNG是两种非常好的格式。JPEG格式不支持透明通道，但是PNG格式支持。因此如果有透明背景，则使用后者。

缩时视频

使用Procreate的另一个重要原因是它可以轻松地从文件中导出作品的缩时视频。这个工具将文件中的图层看作动画的帧。你可以选择播放的速度，以及需要以完全分辨率导出文件还是需要在Web上快速加载文件。可以将文件导出为：

- ◆ 动画GIF格式，适用于导出的视频广泛支持浏览器标准但质量较低的情况。

- ◆ 动画PNG格式，适用于导出的视频质量较好但浏览器支持范围较小的情况。

- ◆ 动画MP 4 格式，适用于导出一段视频而不是一个循环动画，并且不需要透明通道的情况。

▼ 【图像格式】
菜单提供了用于导出作品的不同格式选项

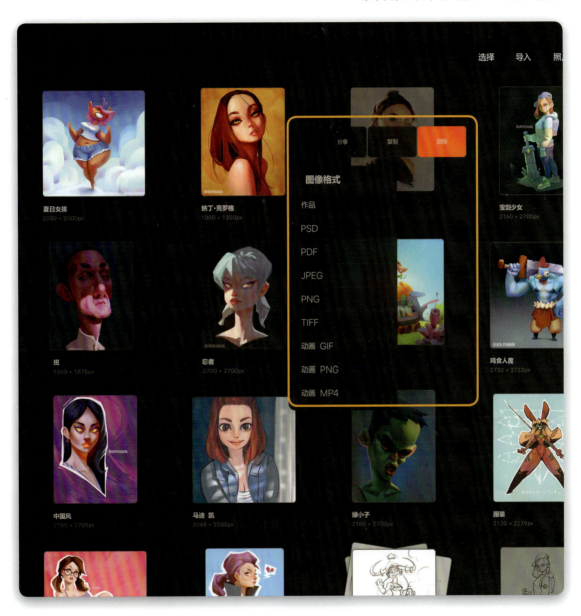

重新排列堆栈

在重新排列堆栈时，只需要按住其中一个文件并对它进行重新定位。

如果将一个文件拖动到另一个文件上，则将形成一个堆栈或一组文件，这是一个很好的方法，可以保证图库有组织并且能够快速地查找文件。

堆栈最好的地方就是可以像组织单个文件一样重新组织它们，并将文件移入或移出堆栈。

重命名文件

保证你的图库有组织的一个重要部分是重命名文件和堆栈，只需要点击文件或者堆栈的名称即可调用键盘并重新输入新名称。

纳丁·克罗格
1080 × 1350px

拉蒙
2700 × 2700px

穴居人
1280 × 1280px

Chini
2160 × 2700px

马迪 凯
2048 × 2048px

绿小子
2160 × 2700px

本章图片版权属于卢卡斯·佩纳多

预览

在预览模式下,可以全屏查看作品而无须打开它们。例如,你不希望导出单张的图像,那么将文件显示为文件夹会非常方便,你可以直接在图库视图中执行此操作。

用两个手指可以放大一个图像并打开该作品的预览。你可以向左或者向右滑动以查看图库中所有图像文件的幻灯片。使用这个功能的最佳方式是先创建需要查看的图像文件堆栈,再打开预览。只能通过选定堆栈中的图像文件来滑动观看幻灯片。

▲ 放大图像进行预览而无须打开它

整理图库

将图库整理为"作品进展中"堆栈,景物画的"研究"堆栈和一系列现场模特写生的"素描"堆栈。

也可以将图库整理为"速写"和"成品画"堆栈。使用此功能可以保持图库的条理性,并且能够快速、轻松地查找作品。

▼ 把作品整理成堆叠的形式可以让你很容易地找到它们

选择

如果想要对多个文件执行相同的操作，则可以使用【选择】选项。在图库的右上方可以找到此选项。在选择该选项之后，可以选择多个文件并执行批量操作，例如：

- 堆栈。
- 预览。
- 分享。
- 复制。
- 删除。

此功能还可以允许你快速创建多个文件的堆栈，在线上或另一台设备上完成整个图库的备份。

旋转文件

Procreate有一个便捷的小技巧是直接在图库中更改文件的方向。例如，如果你要绘制一幅肖像，但是返回图库视图中时图像的方向是横向的，那么你看到的将是错误方向的图像预览。在图库视图中，用两个手指按住作品并旋转它，作品将捕捉水平或垂直的位置。如果希望在不进入画布视图的情况下快速更改文件的方向，此操作非常实用。

▲ 使用【选择】选项可以在图库视图中旋转文件

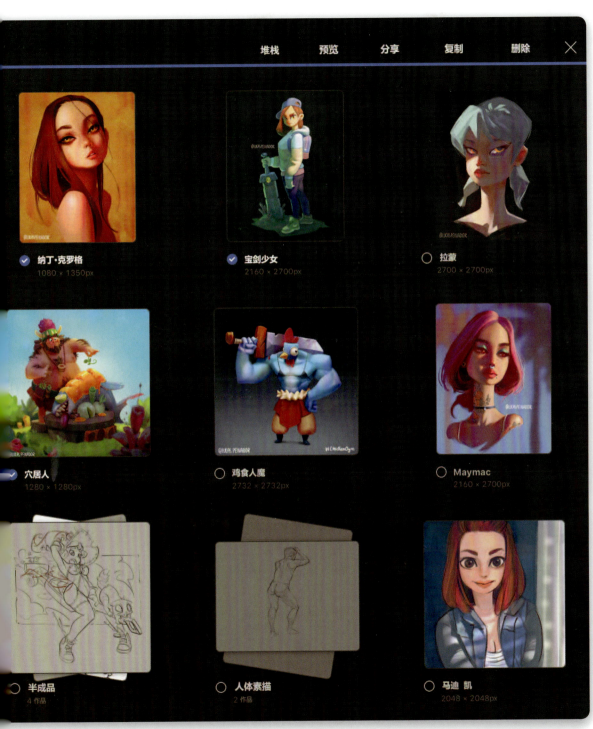

▲ 使用【选择】选项对文件执行批量操作

手势

现在我们已经了解了图库，下面让我们来看一下画布视图。

之前提到了 用户界面（见第14页），使Procreate看起来比其他软件更突出的一个特征就是它的极简主义界面。通过使用手势，功能齐全的数字应用程序不需要在绘画界面上罗列几十个菜单。

在Procreate上工作时，使用手势是必不可少的。本章将逐一讲解。

手势控制面板允许你自定义控制手势，且这些手势可以帮助你加快工作流程。这也将涵盖操作命令（见第66页）。

在本章中，你将学习如何：

- 在Procreate中浏览。
- 使用手势加快你的工作流程。
- 使用左侧边栏的手势和按钮进行撤销和重做操作。

- 调用菜单来复制和粘贴画布中的元素。
- 使用手势清除图层。
- 使用手势返回全屏视图。

手势和浏览

Procreate最基础的手势是浏览画布的手势。其中包含如何放大和缩小画布，以及如何在屏幕上移动画布。所有这些手势的使用都非常直观。

放大和缩小

想要放大或缩小画布，只需用两个手指按住画布并将其滑动/捏合或放大即可。

旋转画布

与放大和缩小手势类似，用手指按住画布并旋转。画布会随着手指移动的方向进行旋转。

移动画布

使用与旋转画布相似的手势可以在屏幕上移动画布。用两个手指按住画布的同时拖动画布，将它移动到你想要的位置。

通过使用这些简单的手势，你可以像在纸上工作一样直观地重新定位自己的作品。

全屏视图

另一个可以证明手势优势的操作是在绘画时进行快速缩放。这个手势可以将画布在iPad上进行全屏视图展示。当你想放大作品的细节，又希望能够快速地观察整个画面时，这个手势非常有用。想要快速地进行手势捏合，则用两个手指按住屏幕的同时快速向内移动捏合，然后将手指撤离屏幕即可。

▶ 手势简单且直观

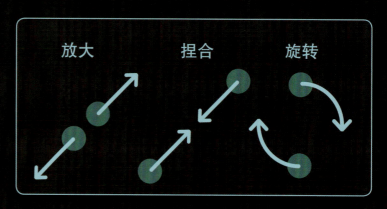

撤销和重做

在任何数字绘画软件中,撤销和重做都是必不可少的操作命令。使用撤销命令可以在绘制的过程中向后撤回一步,而使用重做命令则是向前一步。因为这样可以不用在iPad上使用键盘(如果你愿意,也可以使用键盘上的键来控制一些手势),并且这两种操作都可以用手势来实现。

撤销

用两个手指点击画布可以执行撤销命令。

重做

用三个手指点击画布可以执行重做命令。

多个步骤

如果想要撤销和重做多个步骤,则用手指按住画布而不是点击画布。

另外,撤销和重做命令也作为箭头按钮被包含在左侧边栏底部。

▼ 用两个手指点击画布以撤销一个步骤,或者用三个手指点击画布以重做

复制粘贴菜单

如果用3个手指在画布上快速下滑,复制粘贴菜单就会显示出来。此菜单允许复制、剪切或粘贴你的作品。

复制

复制操作将复制当前图层中选择的对象。如何选择对象在本书第50页的选区章节中介绍,图层在第42页的图层章节中介绍。如果你没有选择任何内容,将复制当前图层中的所有内容,然后通过粘贴操作来放置复制的内容。你可以在其他文件中执行此操作,甚至可以在另一个应用程序中执行此操作。

剪切

剪切的操作方式与复制的相同,但剪切操作不用创建图层的副本,而是在移除选定元素的同时可以将其粘贴在任何你喜欢的位置。

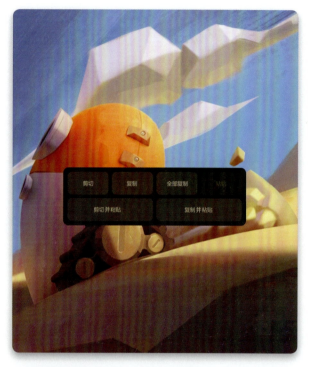

▲ 要打开复制粘贴菜单,可用3个手指向下滑动屏幕

粘贴

在进行复制或剪切操作后,你希望将其立即粘贴到另一个图层上,执行这两个操作的按钮都被包含在复制粘贴菜单中。

全部复制

全部复制操作将复制文件中所有可见的内容,而不考虑图层。

复制所有图层

复制所有图层操作允许复制所有图层的内容,并将其粘贴到一个新的平面图层上(初始图层将保持不变)。如果你想要快速分享绘制进程中的图像,或者捕捉可以在之后回顾进度的平面副本,则此功能非常有用。另一种方法是创建一组图层,然后复制该组图层,并继续在新的一组图层上绘制。这与通过全部复制操作来保存文件内容的目的相同,但是保留了图层;需要注意文件中的图层数量。

其他有用手势

清除图层

如果想要清除一个图层上的所有绘制内容,则用3个手指按住屏幕的同时将手指左右滑动。此手势可以与选区操作结合使用,用来擦除大范围的绘画区域而无须使用擦除工具。

▶ 用3个手指左右滑动以清除图层

隐藏界面

用4个手指点击一次屏幕可以隐藏界面。如果想要重新显示界面,则只需重复这个操作。如果希望绘画时不受干扰,或者想要展示你的作品,这个功能将非常有用。

▶ 用4个手指在屏幕上的任意位置点击以隐藏界面

画笔

Procreate自带3个有用的绘画工具，即画笔、擦除和涂抹工具。画笔工具是主要的绘画工具，也是使用最多的绘画工具。一旦你开始在画布上绘画，就可以使用涂抹工具将其融合在一起，同时使用擦除工具擦除部分（或者全部）绘画内容。

无论你是否相信，在Procreate中绘画只需要这3个工具，因为这3个工具共享同一个画笔库。你可以使用同一个画笔来创建相似的笔触。

在本章中，你将学习如何：

- 使用画笔、擦除和涂抹工具。
- 探索Procreate自带的画笔。
- 重新排列画笔。
- 创建一套你喜欢的画笔。
- 分享画笔。
- 从设备中导入画笔。
- 创建并修改画笔。
- 启用速创形状并充分利用它。

画笔库

如果你选择了画笔、擦除或涂抹工具，则再次点击图标，将调用画笔库。这是一个菜单左侧是画笔集，右侧是单个画笔的弹出窗口。

Procreate在一开始就会为你提供可能需要的一切画笔集，包括【书法】【纹理】【抽象】【着墨】【上漆】【素描】等。每个画笔集包含了与该类别相关的画笔选项。你会发现这里有足够多的你所需要的画笔，但又不至于让你迷失方向。以下是一些入门所需要的非常好用的画笔。

【素描】画笔集

这里包括一些铅笔、蜡笔及其他的干介质画笔。可尝试使用6B铅笔——它十分适合用来涂鸦和练习绘画手势。

【上漆】画笔集

在【上漆】画笔集中，你可以找到方形和东方化的画笔来模拟丙烯颜料或水彩画。可尝试使用尼科滚动画笔——此画笔有一些纹理效果，但又不至于不好控制。

【气笔修饰】画笔集

气笔是简单的圆形画笔，随着画笔压力的增加，画笔的大小和不透明度都会随之增加。可以选择使用一支中等气笔，因为这些气笔在许多绘画作品中都非常有用。

【润色】画笔集

【润色】画笔集是对肖像画家来说很有用的一个类别。你可以在这里找到绘制皮肤和头发的画笔。如果你想添加一些纹理，可尝试使用【润色】画笔集中的杂色画笔。

在开始下一个项目之前，可以探索画笔库中的所有画笔。也可以花费一些时间涂鸦并尝试使用其中的一些画笔。

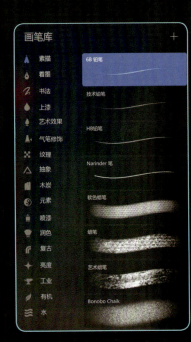

▲ Procreate画笔库提供了一切入门所需要的东西

如何管理画笔

在尝试完所有画笔后，你会发现一些自己喜欢使用的画笔并想要将它们放在一个单独的画笔集中。

创建一个新的画笔集

如果想要创建一个新的画笔集，则可以向下拖动画笔分类列，直到看到顶部的+图标。点击+图标创建新的画笔集。将画笔集重命名为"收藏夹"。在完成此操作后，就可以再次点击该集合进行重命名、删除、分享或复制。

将画笔添加到画笔集

如果想要将画笔添加到新的画笔集中，则先找到想要转换画笔集的画笔，再选择该画笔，按住并拖动该画笔到新的画笔集中。等待画笔集闪烁并打开，然后将画笔拖动到画笔库中。

移动和复制画笔

如果画笔是默认画笔，则它将仍在初始默认集中显示。但是如果想要将画笔从一个自定义集转移到另一个自定义集，则需要将其移动而不是复制。如果想要让画笔在两个自定义集中存在，则在操作时必须先复制它。

▲ 通过向下拖动画笔分类列并点击+图标来创建一个新的画笔集

重新排列画笔

在将一系列画笔添加到新的画笔集后，可以通过在列表中选择画笔，按住并拖动该画笔向上或向下拖动即可重新排列这些画笔。将相似的画笔组合到一起会帮助你更快地找到它们，让你更加享受在Procreate中工作的时间。

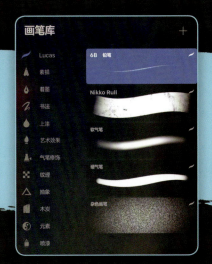

▶ 分组并重新排列你喜欢的画笔以方便使用

尺寸和不透明度

在Procreate或任何数字绘画软件中工作时控制画笔的尺寸和不透明度是非常有必要的。尺寸用于控制画笔、擦除、涂抹工具在画布上所做标记的大小。而不透明度用于控制这些标记不透明或透明。每个画笔都可以被编辑，因此它的尺寸和不透明度在默认情况下是确定的。然而，当你工作时，一些有用的滑块可以用来调整它们。

尺寸和不透明度滑块在界面的左侧边栏上。除非启用了全屏模式并隐藏了左侧边栏，否则它们会一直在那（见第14页的用户界面，了解左侧边栏的标记图）。上面的滑块用于控制画笔的尺寸，而下面的滑块则用于控制画笔的不透明度。控件的位置是固定好的，因此可以使用非绘画的另一只手进行操作。

▲ 当你绘画时，尝试调节画笔的尺寸和不透明度

▲ 画笔不透明度滑块

▲ 画笔尺寸滑块

用触控笔画画

你可以用手指或触控笔（推荐Apple Pencil）来操作画笔、擦除和涂抹工具。如果你想知道为什么要买一支塑料棒来绘画，答案就是触控笔（尤其是Apple Pencil）支持软件识别压感和倾斜。如果你在使用触控笔时用力过大或过轻，或者倾斜了触控笔，数字画笔就会立即对更改做出反应，以帮助模拟更真实的绘画感觉。

有几个调节滑块的小技巧用来满足你的需求。

右侧界面

如果你的惯用手是左手,则可以翻转滑块的位置。点击操作图标(顶部工具栏左侧的扳手图标),然后选择【偏好设置】选项卡,并激活【右侧界面】选项。

▲ 更改为右侧界面后可以使用右手操作滑块

重新定位左侧边栏

如果想要将左侧边栏定位到更高或更低一点的位置,则按住修改按钮(在正中心的小正方形)并将其拖离屏幕边界,然后将其向上或向下滑动。当调整左侧边栏以适应你拿着iPad的自然位置时,这很有用。

精细控制

当你需要更高的精准度时,可以移动滑块。另一个技巧是启用精细控制。用手指按住滑块并将它拖离左侧边栏,然后将其上下移动以更精准地调节画笔尺寸或不透明度。你会发现,滑块的滑动速度比像往常一样上下滑动的速度慢。此技巧适用于在Procreate中看到的任何滑块。

尝试调节不同画笔的尺寸和不透明度,观察各种笔触的变化及创造的效果。

▶ 要进行精细控制,可以将左侧边栏从边界拖离,并将其上下移动来重新定位

分享画笔

在创建自己的自定义画笔集后，你可能希望在网上或设备上分享或备份它们。如果想要执行此操作，则可以点击想要分享的画笔集，点击【分享】按钮，然后选择导出画笔集的位置。

你也可以分享单个画笔。选择想要分享的画笔并向左滑动，会出现3个选项：分享、复制和删除。

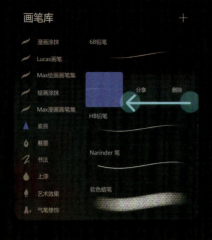

◀ 通过向左滑动画笔来分享、复制或删除此画笔

如何导入画笔

如果你想要导入之前保存的某个画笔或画笔集，或者你在网上看到一个画笔且想要尝试使用该画笔，这里有一种简单的方法可以将这些画笔或画笔集导入画笔库中。打开Procreate和存储画笔的文件夹，然后将要导入的画笔拖动到Procreate画笔库中。如果是一个画笔，则将它拖动到右侧列；如果是一个画笔集，则将它拖动到左侧列。

▼ 通过从设备中拖入来轻松导入画笔

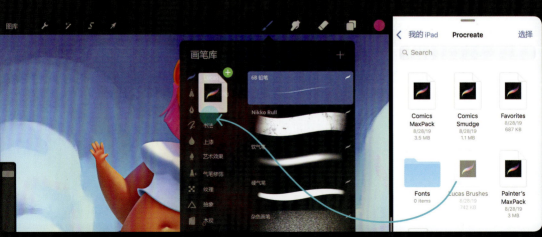

渐变

可以使用一支大的软气笔来创作渐变的效果。若要创建该画笔，则在默认画笔库中找到【气笔修饰】画笔集，选择【软气笔】选项，并再次点击以编辑其设置。在属性设置面板中确保最大滑块一直位于右侧。使用该画笔可以在画布中创作更柔和的渐变效果。

▲ 使用一支大的软气笔实现渐变效果

创建新画笔

即使创建了一系列你喜欢的画笔集，你可能仍然会觉得不够用。如果你找不到理想的画笔，解决办法就是自己创作画笔。幸运的是，Procreate的画笔定制功能非常强大，它提供了构建任何独特画笔所需的所有选项。

创建新画笔

在画笔库中点击+图标以创建新画笔。你可以给画笔命名并为其选择形状和颗粒，可以将形状想象成画笔笔尖的形状，将颗粒想象成画笔在画布上留下的纹理。点击【从专业图库交换】按钮，从已经被包含在Procreate源库中的形状和颗粒中选择一个形状和颗粒。在选择完形状和颗粒后，就可以创建自己的画笔了。接下来就是对它进行自定义。

◀ 使用专业图库中的资源创建新画笔

自定义画笔

在初始阶段,自定义画笔的选项数量可能会比较庞大。以下是一些可供尝试的、比较重要的设置。

在画笔的绘图区域涂鸦,测试所有的画笔设置。

颗粒

就像【形状】选项卡用于控制画笔形状一样,【颗粒】选项卡用于控制画笔颗粒。

【运动】选项用于控制颗粒在画笔笔触中的应用方式。0%表示压印颗粒,而100%表示持续地将颗粒应用在画笔中。

【比例】选项用于决定画笔中颗粒的大小。而【缩放】选项则用于决定颗粒的比例是跟随画笔尺寸变化的还是可独立控制的。

形状

【形状】选项卡允许自定义画笔形状的旋转反应方式,使用平画笔可以更好地测试此设置。

【散布】选项用于决定画笔形状随每一笔旋转的程度。

【旋转】选项用于决定画笔形状跟随画笔方向的方式。0%表示使旋转保持稳定方向;100%表示使画笔方向跟随笔触方向变化。

【随机化】选项用于使每次描边的旋转效果都不同,而【方位】选项用于使画笔形状的方向跟随画笔的倾斜方向变化。

常规

【常规】选项卡可以重新命名自定义画笔。【使用图章预览】选项用于在画笔库中显示图章,而不是笔触。【预览】选项用于在调节画笔库中预览画笔的大小,而不影响画笔。

【混合模式】选项用于确保画笔以选择的混合模式进行绘制。【适应屏幕】选项用于使画笔方向跟随iPad的方向变化。【涂抹】选项用于决定在使用涂抹工具时画笔拖动颜色的程度。

最后,【尺寸限制】选项组用于决定画笔可以使用滑块达到的最大和最小尺寸。

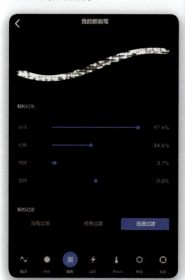

▲ 尝试使用各种选项和滑块来自定义画笔

画笔

动态

此选项卡为画笔提供了3个模式。

【正常】是默认的模式，应用稳定且一致的颜色。

【釉面】模式应用半透明的颜色，可以用多个笔触构建以达到全彩色，就好像用水彩上釉一样。

【湿混】模式用于模拟湿介质效果。你可以将其设置为通过在画布中拖动来绘制，或者设置画笔每个笔画所包含的颜色的绘制量。如果想要模拟油画或丙烯颜料画，那么这是一种很好的模式。

描边

【间距】选项用于控制画笔笔刷之间的密度。提高该选项的值将使画笔笔刷产生虚线的效果。

【流线】选项用于产生平滑的线条。将滑块调至最大值将创建最平滑的线条，适用于着墨或书法绘画。

【抖动】选项用于使画笔分散，非常适合用于创建模拟云层或植被的画笔。

Pencil

当你用力按压Apple Pencil或触控笔时，【Apple Pencil压力】选项组可以允许你增加画笔的【尺寸】和【不透明度】滑块的值。（关于Apple Pencil和第三方触控笔的区别，见第8页。）

如果希望画笔在倾斜触控笔时做出反应，则可以先设定一个角度。这个角度越大，画笔就会越快识别出倾斜操作。例如，通过增加【角度】和【不透明度】滑块的值，你可以将画笔设置为画笔越倾斜越透明。

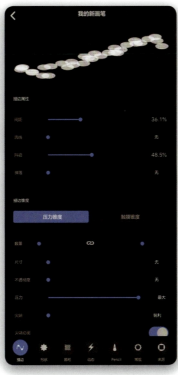

速创形状

速创形状提供了一种在创建线条和形状后进行转换的简单方法。理解这种方法的最好方法就是自己去尝试。

直线

绘制一条直线,然后将触控笔一直按压在线条的末端,直到Procreate将其转换成一条完全笔直的线条为止。接下来,将触控笔从屏幕上抬离,然后点击【编辑形状】按钮,该命令按钮在屏幕的顶部。这将允许你在创建线条后使用出现在任一端的蓝色圆形节点来移动和编辑线条。

▶ 绘制线条并按住它以激活速创形状

▶ 创建速创形状后编辑它们

形状

除了简单的直线,速创形状还可以用于绘制椭圆、四边形或者由几条直线组成的形状。一次只能画一条线条。在松开线条后,可以使用线条末端的蓝色节点编辑其位置。这样将获得干净的边缘和精确的形状,如机械、武器和建筑。

捕捉

如果想要使用速创形状创建一个完美的圆形,则绘制一个椭圆并按住它直到启用速创形状为止。不用将触控笔从屏幕上抬离,将一个手指放在屏幕上,你就会看到椭圆变成了一个完美的圆形。这个操作叫作捕捉,也可以和正方形配合使用并捕捉到固定角度的线条。在圆形完成后,点击【编辑形状】按钮,将会出现4个圆形节点,按住并拖动这些节点可以挤压、拉伸和旋转圆形。

▲ 用另一个手指按住屏幕以速创形状

颜色

Procreate具有4种颜色模式，可以选择最适合你的工作流程的一种。这4种颜色模式包括：

◆ 色盘。
◆ 经典。
◆ 值。
◆ 调色板。

点击界面右上角的圆形色样图标即可找到它们。这4种颜色模式被罗列在【颜色】弹出窗口的底部。

本章将引导你了解它们的一些特征，以及为什么你可能喜欢使用这种模式而不是另一种模式，或者如何在绘画时切换颜色模式。例如，可以将【色盘】颜色模式用于大部分绘画，在建立常规调色板但需要更精确的结果时切换到【值】颜色模式。可以将每一种颜色模式都尝试一下并找出自己最喜欢的。

在本章中，你将学习如何：

- 使用【色盘】颜色模式选择颜色。
- 使用【经典】颜色模式选择颜色。
- 使用【值】颜色模式选择颜色。
- 使用RGB和HSB滑块。
- 在不同的颜色模式下创建和修改调色板。
- 分享和导入调色板。

色盘

首先，介绍第一个可以使用的颜色模式：色盘。该颜色模式是最直观的，因为它允许你控制色相、亮度和饱和度，同时在色环中清晰地呈现它们。

色相

使用圆环的外环选择色相，如红色和蓝色。

饱和度和亮度

要使色相更亮或更暗，可使用内部的圆环更改饱和度和亮度。如果需要更高的精度，只需要放大内部圆环。如果需要返回，则可以通过捏合来缩小。

纯色

如果想要选择纯白色或纯黑色，或者其他纯色呢？Procreate包含了针对此问题的巧妙解决方案，在圆环中有9个点，如果在任意一点的周围双击，就可以捕捉到它们。

调色板

如果你想要选择并保存颜色，则可以访问圆环下方的方形调色板。调色板在每一种颜色模式下都可用，同时可以保存你最喜欢的颜色，以便快速访问。更多关于调色板的信息，见第41页。

▼ 双击色盘可以捕捉到最近的点

经典

色相

数字绘画的"老手"更熟悉这种颜色模式。使用第一个滑块而不是圆环来控制色相。

饱和度和亮度

饱和度和亮度由方形区域控制，但也可以选择使用下面的两个滑块来分别微调它们。

纯色

与【色盘】颜色模式不同，纯色不需要被捕捉，因为正方形的4个角落包括黑色、白色和纯色。

总体而言，如果你更喜欢滑块提供的精准控制，但是仍然希望看到所选颜色的视觉表示，则可以使用这种颜色模式。

▶ 在【经典】颜色模式下调节滑块以更改颜色

吸管

吸管工具可以让你快速、轻松地从画布中选取颜色，是数字艺术家必不可少的工具。当吸管圈出现时，可以在画布上拖动它以选择要从中采样的区域。圆环的下半部分显示的是当前使用的颜色，而上半部分显示的是由十字线精准定位的新颜色。

在默认情况下，可以点击修改按钮来打开吸管工具，但是还有一些其他方法可以访问此工具。选择【操作】→【偏好设置】→【手势控制】→吸管工具，可以尝试一些不同的点击、触摸和组合手势，直到找到适合自己的方式。

值

【值】颜色模式有6个滑块，在选择颜色的时候可以提供更好的控制功能。

色相、饱和度和亮度

上面的3个滑块——色调、饱和度和亮度——与【经典】颜色模式中的相同，但是，【值】颜色模式中会显示所选滑块的百分比。例如，可以精确地选择50%的灰色。

RGB

下面的3个滑块可以控制所选颜色中红色、绿色和蓝色的程度。此功能可以用来选择和混合颜色。

十六进制

如果你需要使用特定的颜色，如客户要求的颜色，则可以通过输入十六进制码（通常所指的十六进制代码）来选择它。

▶【值】颜色模式允许你选择更精确的百分比，并提供了一种更具技术性的方法。

颜色快填

颜色快填提供了一种用单色填充画布的简单方法。从界面右上角拖动颜色点并将其放到画布上，此时将用你选择的颜色来填充画布。在具有闭合形状的图层上执行此操作，将只填充形状的内部或外部。

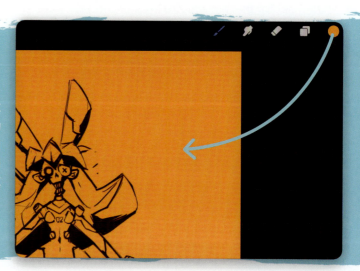

调色板

如果希望使用一组定义的颜色集，那么不妨使用【调色板】颜色模式。由于调色板可以在所有其他颜色模式中使用，因此此颜色模式有时被视为其他颜色模式的补充，而不是独立的颜色模式。

创建和填充调色板

点击【颜色】弹出窗口右上角的+图标以创建新的调色板，然后点击一个空的正方形来放置所选的颜色样品。若要删除其中一个颜色样品，则按住并松开它以显示【删除】选项。创建一个全新的调色板只能在【调色板】颜色模式下完成。但一旦创建了调色板，它将在所有其他颜色模式下可见。你可以为新创建的调色板或者任何现有的默认调色板添加新颜色。

要在另一种颜色模式下编辑或添加颜色到调色板中，可点击相应调色板末尾的一个空正方形以添加当前的颜色。通过选择并按住直到弹出设置/删除面板，然后选择【设置】选项来替换现有的颜色。

重命名并保存

在创建调色板后，点击【默认】按钮可将其设置为显示在其他颜色模式下。在调色板上向左滑动将显示分享和删除调色板的选项。可以通过重命名来保持调色板的井然有序。

▼【调色板】颜色模式允许你创建自己的调色板来工作

之前

之后

图层

对于任何数字艺术家来说，图层都是一个很重要的工具，也是许多艺术家爱上数字绘画的一个主要原因。

将图层看作透明的薄板，你可以在上面进行单独的绘制。这提供了巨大的灵活性，使得你可以在一个图层上绘画而不用担心会更改其他图层上的内容。你可以重新组织它们，并测试出没有影响的重大改变。

在本章中，你将学习如何：

- 利用图层优势。
- 创建新图层。
- 打开和关闭图层。
- 组合和合并图层。
- 锁定、复制和删除图层。
- 更改图层的不透明度。
- 使用阿尔法锁定。
- 使用图层混合模式。
- 访问其他图层选项。
- 使用图层蒙版和剪辑蒙版。

基础图层

【图层】弹出窗口

打开【图层】弹出窗口的图标是界面右上角的第二个图标。用手指或触控笔点击它即可打开【图层】弹出窗口。

图层1

当创建新文件时，你将会看到两个图层：一个是背景颜色图层；另一个是图层1。在默认情况下，Procreate中的每个文件都会创建两个图层。在每个图层的左侧，你将看到该层上绘制内容的缩略图预览。

背景颜色图层

如果想要更改背景的颜色，则点击背景颜色图层，然后选择你想要设置的颜色。如果想要使用透明的背景，并且在之后将图像导出为带透明通道的，则取消勾选该图层对应的复选框将其隐藏。

图层可见

勾选或取消勾选任何图层的复选框，可以打开或关闭图层，这是一个很有用的操作。例如，如果想要更清楚地看到现在正在绘制的图层，则可以隐藏其他图层。

创建新图层

点击【图层】弹出窗口右上角的+按钮以创建一个新图层。每一位艺术家使用图层的方式可能不同，一些艺术家会为每个内容创建图层，而另一些艺术家会避免使用超过两个或三个图层。如果你是数字绘画的"新手"，则在开始阶段应当把图层数量控制在最小值，只有在想要绘制可能会破坏画布上已有内容的内容时才创建新的图层。

尝试使用图层和画笔在不同的图层上绘制图像。

图层限制

Procreate设置了一个可创建图层数量的限制。此数量取决于文件的大小，因此，以兆字节为单位，文件越大，则可创建的图层数量越少。在创建文件时，可以查看图层数量，本章稍后会介绍图层数量。

▶ 图层对于任何艺术家来说都是必不可少的

图层管理

移动和分组单个图层

下面介绍在图层层级中上下移动图层。向上移动图层将会使绘制的内容显示在其他图层的顶部。要想移动图层，可在【图层】弹出窗口的图层列表中按住该图层并向上或向下拖动。

如果在另一个图层上方松开该图层，将会创建一个图层组。组是管理图层最好的方式。图层组的作用类似于文件夹，包含两个或两个以上图层，这些图层可以一起移动，也可以单独编辑。

在下一页将了解如何删除各个单独的图层。

选择多个图层

如果想要一次性选择多个图层，则可以选择一个图层，将其滑动到右侧，然后松开（选中的图层将以蓝色高亮显示）。这将允许你像拖放单个图层一样拖放它们，或者对它们进行删除或分组操作。

合并图层

当你不需要处理单独的元素时，或者想在最后的进程中对整个图像进行调整时，以及在完成绘制后又想要进行一些最后的润色时，合并图层是一个很好的方法，可以用来管理和组织它们。

合并，也称为平展，这意味着将两个或多个单独的图层压缩为一个图层。这意味着它们可以被单独编辑，所以只有在100%确定的情况下才可以这么做。合并图层不同于分组图层，图层

组中的每个图层仍然可以被独立编辑，即图层组的工作类似于文件夹。

在【图层】弹出窗口将图层捏合在一起可以合并它们，并且合并图层的操作不限制图层数量。

▲ 拖放图层以重新定位

▲ 将一个手指向右滑动以选择图层或组

▲ 将图层捏合在一起以合并它们

管理图层

保持图层的组织条理性是简化工作流程的必要条件，凌乱不堪的图层意味着你无法轻易地在自己的文件中找到相应内容。

你确定吗？

除非立即撤销合并，否则无法撤回此操作。因此，重要的是确定你想要合并和平展的图层，否则之后将很难对这些区域进行调整和修改。

锁定、复制和删除

如果向左滑动图层，将会出现3个按钮：锁定、复制和删除。

锁定

如果不小心在错误的图层上进行了绘画，将会令人非常沮丧，尤其是当我们工作了很长一段时间后，才意识到在错误的图层上进行了所有工作。锁定功能针对该问题提供了解决方案。你可以在任意图层上打开和关闭锁定功能。

在锁定一个图层后，程序将阻止你以任何方式操作该图层，包括在上面绘画或者删除该图层。如果想要解锁该图层，则再次向左滑动该图层，将会出现【解锁】按钮。

删除

点击【删除】按钮，将会移除图层。如果之后立即点击撤销按钮，则图层可以被恢复，但是如果没有立即点击，则该图层将无法被恢复。

复制

点击【复制】按钮，将会创建图层的副本。副本图层将会以同样的名称显示在原来图层的下方。因此，你应当立即为复制的图层重命名以避免混乱。

▲ 向左滑动图层以锁定、复制和删除图层

不透明度和阿尔法锁定

不透明度和阿尔法锁定在这部分是包含在一起的，因为它们都是通过在【图层】弹出窗口中使用两指手势来控制的，它们在处理图层时都非常有用。

不透明度

不透明度用于控制图层内容整体的不透明度。例如，如果想要在图层上绘制灯光的渐变效果，则可以使用图层的不透明度设置来微调该渐变效果的强度。或者，当你在图层上绘制草图且已经准备好将其移动到最终线稿上时，则可以降低草图的不透明度，并将其作为参考来指导你在顶部图层绘制更清晰的线条。这是两个示例，你可以将其整合到自己的工作流程中。

要控制图层的不透明度，可用两个手指点击【图层】弹出窗口中的图层，然后在屏幕上左右滑动即可调节图层的可见性。

▲ 用两个手指点击图层以打开不透明度控件

阿尔法锁定

阿尔法锁定是另一个非常好用的功能,是数字绘画独有的功能。一旦开启了阿尔法锁定功能,就会只允许在已经绘制好的像素区域进行绘制,不允许超出所需图形的边界。例如,它可以用于绘制物体表面的纹理,就像图像中的艺术工具。你可以在单独的图层上绘制对象,然后启用阿尔法锁定功能,就可以使用纹理画笔在该对象上面绘制。一旦尝试使用了阿尔法锁定功能,你就会发现有很多方法可以将它集成到自己的工作流程中。

要在图层上启用阿尔法锁定功能,可用两个手指将该图层向右滑动。一个棋盘格图案将会显示在图层缩略图的透明部分。

◀ 用两个手指向右滑动图层以开启阿尔法锁定功能

阿尔法锁定

在绘制完物体的剪影后,即可开启阿尔法锁定功能并绘制该剪影的内部阴影或细节。使用此方法进行工作将保持作品的整洁性和条理性。

混合模式

混合模式可以使图层和它之下的图层以不同的方式交互。有些艺术家认为混合模式对他们的作品至关重要，而有些艺术家则不这么认为。

要访问混合模式菜单，可点击【图层】弹出窗口中某个图层上的N。N在默认状态下代表正常，表示不产生任何混合效果。下面列出了几种混合模式，并将其分为不同的类别。

如果改变了图层的混合模式，则N将改变为其他新混合模式的缩写。例如，Sa表示饱和度模式。

从可下载资源中打开一个图像，在不同模式下进行试验，观察这些模式会如何改变图像。有关如何导入图像，见第16页。

值得注意的是，此菜单还包含一个滑块，用于控制图层的不透明度。

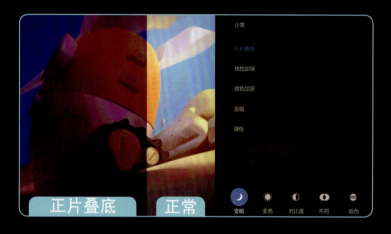

变暗

【变暗】模式可增强颜色，会产生一个更暗的混合效果。

【正片叠底】是此分类中最常用的模式。它会将图层颜色的值和下面各层颜色的值相乘，对于创建阴影非常有用。由于纯白色不能在此模式下实现倍增和变暗，因此会变成透明的。如果你的线稿是在白色图层上，那么你将会喜欢在下面图层上添加颜色。

变亮

【变亮】模式和【变暗】模式相反，它将混合颜色以产生更亮的混合效果。

当在作品中添加光源时，如果你想要提高饱和度和亮度，则可以使用【滤色】和【颜色减淡】模式。

对比度

【对比度】模式创造了暗部与亮部的组合,其结果总是图像的明暗部分之间的对比。

【覆盖】是最常使用的模式,它可以用来让颜色更亮,改变整个作品的氛围。

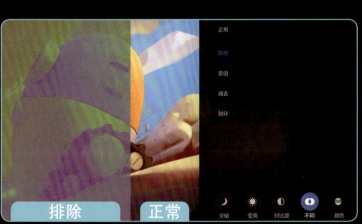

不同

【不同】模式中的选项可以组合或反转颜色以创建摄影负片类型的效果。如果你正在测试试验结果,这是一个很好的模式。

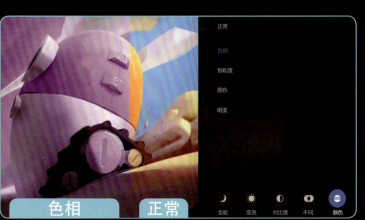

颜色

【颜色】模式会影响图层的色相、饱和度和亮度相互独立作用的方式。

【色相】和【颜色】模式通常用来为灰度图像增加色相值。试验不同的模式,并观察它们如何改变图像。

其他命令

这里有一个额外的图层命令菜单。此菜单中显示的内容取决于所选图层的类型，且只显示与该图层相关的命令。

点击你选择的图层即可打开此菜单。

【重命名】命令的功能是显而易见的，但是知道这个命令在哪里很重要。

【选择】命令用于选择图层上选区的内容。（下一章节将会深入讨论选区。）

【复制】命令用于复制选定图层的内容。

【填充图层】命令用于用颜色填充图层。

【清除】命令用于清除图层上的内容。

【阿尔法锁定】命令用于锁定图层的空像素，这意味着你只能在已经绘制的内容上绘制（如第45页所示）。

【剪辑蒙版】命令用于使当前图层成为下面图层的剪辑蒙版。（下一节将详细介绍剪辑蒙版。）

【蒙版】命令用于隐藏图层上的内容。（下一节将详细介绍蒙版。）

【反转】命令用于反转图层的颜色。

【参考】命令用于使选定图层决定色彩快填在其他图层上应用颜色的位置。

【组合】命令用于将当前图层和其下面的一个图层组合到一起。

【合并】命令用于将选定的图层和其下面的一个图层合并。

【平展】是图层组的一个命令，用于将图层组中的多个图层平展为一个图层。

【编辑文本】命令用于打开文本编辑器，是仅用于文本图层的命令。

【栅格化】也是文本图层的命令，用于将文本字符转换为像素。

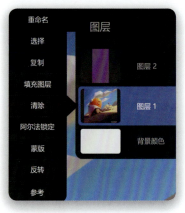

▲ 点击选择的图层以打开额外的图层命令菜单

蒙版

如何使用蒙版

如果能够将蒙版整合到你的工作流程中，那么它将是一个非常简单且有用的工具。如果点击一个图层，然后选择【蒙版】命令，则会在该图层上方创建一个白色图层。这就是蒙版，如果在蒙版上绘制黑色内容，则它将会隐藏你在图层上绘制的内容，而在蒙版上绘制白色内容就会显现。同时，使用灰色笔触将部分隐藏图层上绘制的内容。从右侧的图像中可以看到，使用黑色和灰色笔触会部分隐藏深蓝色的图层，并显示出下面的湖绿色图层。

蒙版是一个非常有用的工具，因为它不会擦除和丢失图层上的信息，而是会简单地将其隐藏。这意味着当你再次需要这些信息的时候，仍然可以使它们显示出来。

▲ 蒙版是一个很好的非破坏性擦除工具

剪辑蒙版

剪辑蒙版听起来和蒙版类似，但是它和阿尔法锁定有更多的相同点。阿尔法锁定只允许在一个图层上已经绘制好的像素区域进行绘制，但是剪辑蒙版允许在不同图层上执行同样的操作。

例如，在一个单独的图层上绘制一个圆（使用速创形状创建圆形，并使用色彩快填填充颜色）。该图层决定了你能够在剪辑蒙版中绘制的位置，因为你无法在图层的透明位置进行绘制。

接下来，在此图层之上创建一个新的图层并在其他图层命令菜单中将此图层设置为剪辑蒙版。你会看到新图层的左侧出现一个向下的箭头，这表示新图层现在是被剪辑到初始圆形图层上的，无论你在图层的什么地方绘制，绘制的内容都只会显示在初始圆形图层的圆形区域中，就好像在模板中绘画一样。

▲ 使用剪辑蒙版保持工作流程的高效性

剪辑蒙版

在图层上绘制阴影时，可以使用剪辑蒙版。在物体的形状或剪影上创建一个基础阴影，然后创建一个图层并对其进行剪辑，接着绘制阴影。这将允许你单独控制阴影和物体的颜色。

选区

选区用来控制要绘制的位置或变换的元素。变换工具将在第54页中介绍。

点击界面左上角的S选区图标可以找到选区菜单。点击选区图标后，屏幕底部会出现一个菜单。在这里可以选择选区的模式，也可以从一些选区修改器中选择。

在选择图像的一个区域后，你只能修改该部分选区，从而保持画布的其他部分不变。理解这一点的最好的方式就是亲自尝试——使用提供的可下载资源中的图像进行试验。

在本章中，你将学习如何：

- 利用选区提升创作过程。
- 清除选区并返回上一个选区。
- 使用自动选区。
- 使用手绘选区。
- 使用矩形和椭圆选区。
- 添加、移除、反转、复制、羽化和清除选区。

自动选区

第一种选区模式是自动选区，此模式将选择一系列相似的颜色，这取决于你用手指在屏幕上点击的位置。如果你想要扩展此选区的范围（即选区阈值），则向右滑动手指；如果你想要降低选区阈值，则向左滑动手指。当你点击或滑动选区时，该选区将以纯色高亮显示。一旦你得到了想要的选区，只需简单地点击工具就会出现一个斜条纹图案。此图案用于确认已选择的区域。如果想要返回并修改选区，则按住选区图标直到出现选区菜单为止。

当你合并了图层，但发现需要更改绘画中具有相似颜色的区域时，例如，角色的头发或者风景的天空，自动选区被证明是最有用的。

理解选区只作用于当前选择的图层是非常重要的。尤其是对于自动选区，因为你可以选择的区域由当前的图层内容决定。

▼ 使用自动选区来分隔具有高对比的物体

手绘选区

手绘选区的使用比较简单,是数字艺术家工具箱中的一个重要工具。在选区菜单中选择手绘选区后,拖动手指和触控笔即可创建想要的选区。

或者,你可以点击屏幕以放置一个点,然后再次点击其他位置以绘制一条虚线。继续以这种方式围绕你要选择的区域点击以绘制多边形。一旦你对绘制的选区感到满意,就再次点击初始点来结束选区操作。如果你继续绘制形状,就会将所选区域添加到一起。

也可以将这两种方法结合起来以实现你想要的选区。

▼ 手绘选区允许你选择尽可能精确的选区

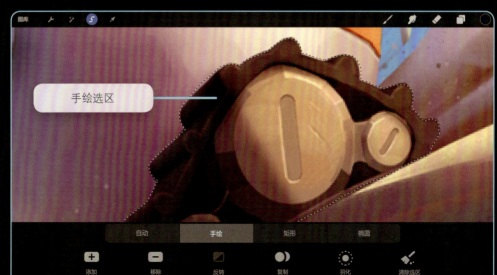

矩形和椭圆选区

形状选区有多种用途，如使用它们绘制圆形蒙版，将选择的部分画布粘贴到其他地方。只需要轻点矩形或椭圆，然后持续拖动直到获得所需的形状即可。另一个优势是，当使用椭圆选区时，将另一个手指放置在屏幕上即可将椭圆捕捉为完美的圆形。

▼ 矩形和椭圆选区可以帮助你更快地创建形状

椭圆选区

选区修改器

在选区模式下列出了许多选区修改器。在使用手绘选区时，【添加】和【移除】选项非常有用。【添加】选项用于将所选区域附加到当前选区，而【移除】选项用于从当前选区中减去所选区域。

【反转】选项用于反转选区。这个选项很有用，因为有时选择不希望绘制的区域，然后将其反转，比使用常规方法创建选区更容易。【复制】选项用于把选区的内容复制到另一个图层。需要注意的是，选区只作用于当前选定的图层，因此应当确保当前选定的图层包含要复制的部分。

【羽化】选项是一个很有趣的选项（在特殊情况下非常有用），它允许你柔化选区的边缘以创建渐变效果。你将会看到斜条纹图案根据羽化程度柔化和衰减。羽化的数值决定了渐变效果的柔和度。【清除选区】选项用于撤销当前选区，如果你想要重新开始进行选区操作，那么这将会很有用。

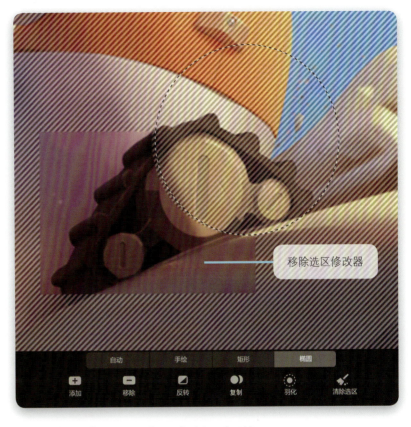

▲ 使用【移除】选项从当前选区中减去一个区域

选区蒙版可见度

如果发现很难使用条纹图案，则可以增加或减少它的不透明度。选择【操作】→【偏好设置】选项卡，并调整【选区蒙版可见度】滑块。

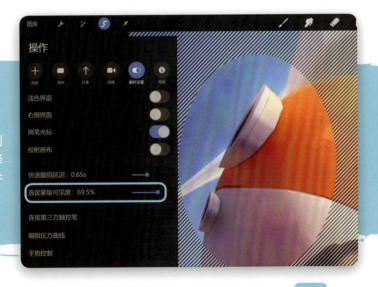

使用变换工具可以移动、旋转、翻转、扭曲和弯曲图像的各个部分。点击顶部工具栏的箭头图标进行访问，使用变换工具可以很好地处理选区。如果你有一个激活的选区（由屏幕上的蓝色S图标指示），就可以变换作品的所选区域。如果没有选择任何内容，则变换操作将影响图层的全部内容。

与选区菜单类似，变换菜单有很多模式和选项。可以使用可下载资源中提供的一个图像对它们进行试验。

在本章中，你将学习如何：

- 使用自由变换和等比。
- 使用扭曲和弯曲。

- 使用高级网格。
- 翻转选区，旋转选区，使选区适应画布，以及如何重置选区。
- 充分利用磁性。
- 使用插值。

自由变换和等比

当缩放物体时，【自由变换】和【等比】选项之间的区别最为明显。

创建一个物体，然后点击变换的箭头图标以调用控件。你将会看到一个选取框围绕着该物体。选取框，也称为动态虚线，用虚线指示所选选区的边界。可以使用蓝色的节点改变物体的形状，使用绿色的节点旋转物体。如果选中选取框的角点，则可以同时更改物体的宽度和高度。

自由变换

如果选择了【自由变换】选项，则可以压缩和拉伸物体的比例。

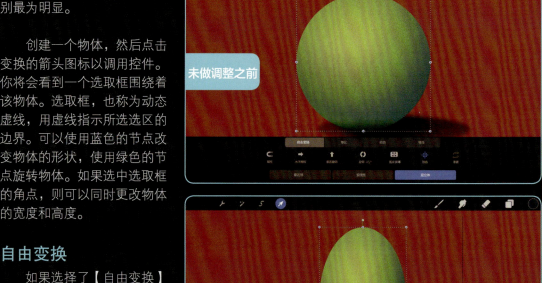

▶ 自由变换可以改变物体的比例

等比

相反，如果选择了【等比】选项，则将保持物体的比例，使其不会被压缩和拉伸。

【自由变换】和【等比】选项都有它们的用途。例如，在缩放角色的头部时，你可能希望保持头部的比例，但如果需要在环境中缩放岩石，那么改变岩石的高度和宽度将有助于使其看起来更自然。

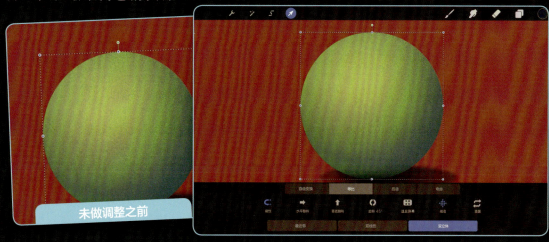

扭曲

扭曲变换可以在不受约束的情况下变换物体的透视图，与自由变换相似，只是选取框上的每个节点都是独立的。这使得你可以创建对角扭曲，并且是变换纹理以适应三维对象的一种好方法。

▶ 如果你希望自由变换物体的透视图，则使用扭曲变换

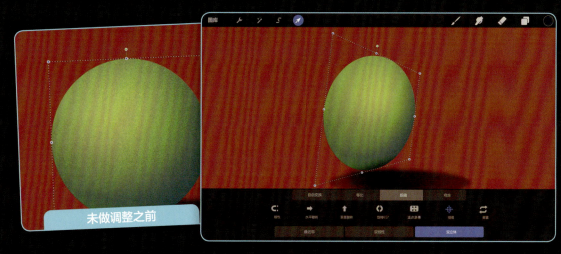

弯曲

物体在被弯曲后，就好像它们被画在一张纸上一样。可以移动覆盖在选取框上的网格以产生不同的效果，也可以使物体自身的形状弯曲。另外，也可以点击物体周围的节点，使其在空间中来回移动。

如果想要准确地控制形状的弯曲方式，则可以激活在网格上提供更多的蓝色节点的高级网格。

▶ 弯曲变换可以像弯曲纸张一样来弯曲物体

变换选项

除主要的变换模式外，还有一些变换选项可以更精准地定制每个模式。当进行变换时，这些可以在屏幕底部看到。

磁性

启用【磁性】选项，可以使用固定约束变换物体，例如以15°的增量旋转或者以25%的增量缩放物体。如果在进行变换时需要不同的测量值和确定的轴，这将非常有用。

水平翻转和垂直翻转

【水平翻转】和【垂直翻转】选项的作用是不言而喻的。如果你是在对称物体上工作的，这是两个非常有用的选项。

旋转45°

【旋转45°】选项用于使物体旋转45°，但是，你也可以通过【磁性】选项来执行此操作及更多的操作。

适应屏幕

【适应屏幕】选项用于放大物体，直到物体适应屏幕的边界。也可以调整物体以适应画布的高度或宽度，这取决于【磁性】选项是否开启。

插值

插值模式为物体的像素级别变换提供了3个选项：

- 最近邻。
- 双线性。
- 双立体。

从前者到后者，这些选项可以实现从更锐利到更柔和的过渡。试试这3种方式，看看哪一种更适合你。你可能会发现某些插值模式会比其他模式产生更清晰的效果，尤其是在扩大选区范围时。

重置

【重置】选项用于撤销已应用的所有变换，将物体恢复为初始状态。

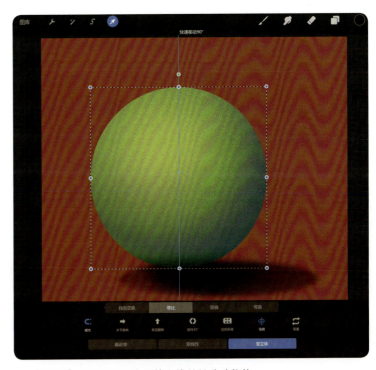

▲【磁性】选项可以让你沿着直线单轴移动物体

调整

点击顶部工具栏左上角的魔术棒图标，即可弹出【调整】菜单。【调整】菜单中的命令可以用于改变图像外观的效果，可以用于修改特定的图层，但其中一些命令在整个图像中应用时效果最好。调整操作仅适用于选定的图层，并且可以和选区操作一起进行。这意味着如果选择了图层的一部分，并继续进行调整，它将会影响选定的区域。

在本章中，你将学习如何：

- 在绘画中通过调整来增加效果。
- 使用高斯模糊调整。
- 使用动态模糊和透视模糊调整。
- 使用锐化调整。
- 使用杂色调整。
- 使用液化调整。
- 使用色相、饱和度、亮度调整。
- 使用颜色平衡调整。
- 使用曲线调整。
- 使用重新着色调整。

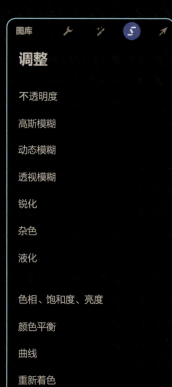

▶ 点击魔术棒图标，调用【调整】菜单

高斯模糊

【高斯模糊】是【调整】菜单中的第二个命令。此命令用于统一模糊选定的图层。高斯模糊调整可以用于很多情形。例如，如果想要模糊角色背后的背景，或柔化渐变效果，照亮角色或天空中的云层，高斯模糊调整也非常容易操作。

只需要选择【高斯模糊】命令，然后左右滑动即可增加或减少高斯模糊的影响。

▲ 高斯模糊调整在创建物体之间的距离时非常有用

动态模糊和透视模糊

和使用高斯模糊调整相似,使用动态模糊和透视模糊调整可以模糊图像,但是会以一种特定的方式进行。动态模糊调整以直线的方式来实现,如果你想要创建物体平行于相机运动的错觉,这个命令将很有用。而透视模糊调整则应用于径向模式下,如果你想给观众一种物体朝摄像机移动的感觉,这个命令会非常有用。

▲ 动态模糊调整可以用于创造运动感

动态模糊

要使用动态模糊调整,可选择【调整】菜单中的相应命令,然后在图像上拖动手指。移动的方向决定了模糊的轴向,而滑动的距离决定了模糊的量。

透视模糊

透视模糊调整则略有不同。在选择此命令后,图像上会出现一个点。该点是径向模糊的中心点,你可以通过拖动它来进行重新定位。确定好位置后,在图像上左右滑动

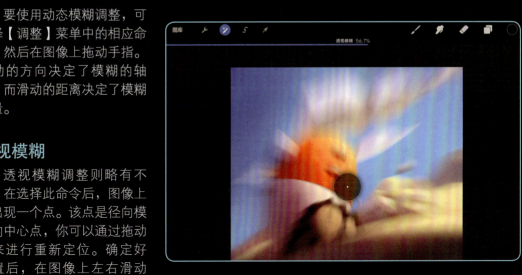

▲ 透视模糊调整也可以用于创造运动感

锐化

使用锐化调整可以增强相邻像素之间的对比度，使图像边界更加清晰且对比度更高。

与其他调整效果相比，选择【锐化】命令后，可以向右或向左滑动以增加或减少效果的强度。但是需要注意的是，一直向右滑动可能会很吸引人，但是过度锐化会使图像看起来颗粒化，同时处理过度会掩盖手绘细节。

▼ 锐化调整是一个增加细节的很好的方式，但不要过度使用

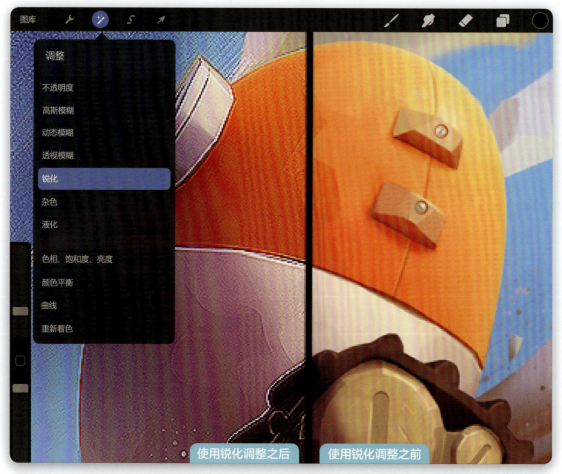

杂色

如果你仔细研究一张照片或特写镜头，就会发现杂色无处不在，例如，给拍摄对象一个微妙的纹理，可以赋予它很多的特征。相比而言，有时数字绘画会显得过于光滑、干净且缺乏质感。为了避免发生这种情况，使用杂色调整可以在图像顶部添加一个杂色图层来创造数字绘画通常缺少的摄影效果。

选择【杂色】命令，然后向右滑动以添加更多的杂色，或者向左滑动以减少杂色的量。与杂色过滤器一样，少即是多，因为过度使用会让画面效果看起来过于虚假。

使用杂色调整之后　　使用杂色调整之前

调整和蒙版

使用【调整】菜单中的命令可能很难对图像进行微调。假设你希望在图像上除角色的脸部外的部分应用高斯模糊调整，那么你可以将调整应用到作品的复制版本上，然后使用蒙版工具隐藏或显示调整的部分，从而精确控制每个细节。

液化

【液化】是Procreate中强大的调整命令之一。选择【液化】命令,将在屏幕底部弹出一个菜单,其中包含各种工具和滑块。

工具

液化调整中最有用的3个工具是推、捏合和展开。【推】工具用于拖动像素,【捏合】工具用于将像素拖动到中心点,【展开】工具用于将像素推离所选区域。其他工具在试验时也很有趣,但可能不是很有用。【顺时针转动】、【逆时针转动】、【水晶】和【边缘】工具都会以奇怪的方式使图像变形。

滑块

在各种工具下有很多滑块用于改变液化效果。【尺寸】滑块用于决定画笔的大小。液化画笔是通过此滑块控制的,而不是通过常规的画笔滑块控制的。【压力】滑块用于控制效果的强度,类似于常规画笔的【不透明】滑块。如果增加【动力】滑块的值,那么即使你将触控笔抬离屏幕,液化也将沿着其路径继续。最后,【失真】滑块的使用会扭曲图像。可以为每个工具增加此滑块以加强其随机性。例如,它可以给【推】工具增加波浪效果,给【捏合】工具增加收缩效果,或者给【展开】工具增加液体水滴效果。

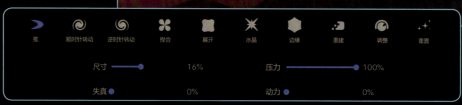

▲ 使用液化调整改变和增强图像效果

色相、饱和度、亮度

色相、饱和度、亮度（HSB）是一种易于使用的调整方式，允许用户使用3个不同的滑块来改变颜色。它可以用于在一幅画中尝试不同的颜色组合，而不改变它们的明暗程度。

选择此命令，将会弹出一个带有3个滑块的菜单。你可以在此选择重置更改、预览之前和之后的效果，以及撤销或重做调整中的最后一步。

▶ 对一幅图像的色相、饱和度和亮度进行试验

颜色平衡

颜色平衡类似于HSB。其中，HSB是一个油漆桶，而颜色平衡是一个画笔。

使用颜色平衡调整可以通过移动每种颜色的滑块来单独控制作品中的红色、绿色和蓝色的数值，甚至可以选择是否单独改变阴影、中间调或高亮区域。

使用颜色平衡可以微调整体图像中的颜色。例如，如果你想要降低阴影的色温并增加高光处的色温，则可以使用颜色平衡。

▲ 颜色平衡比HSB的效果更微妙，而且很好用

曲线

使用曲线调整可以对作品中的颜色进行微管理，这使得曲线调整成为工具箱中强大的工具之一。虽然曲线乍一看令人望而生畏，但是一旦你理解了曲线所代表的内容，就会意识到它和其他工具一样简单。

选择【曲线】命令，将会在下面出现的菜单中显示中间有一条线的直方图。如果拖动中间的曲线，将会创建一个点。可以调节这个点以影响图像中不同值的范围：向上拖动以使其更亮；向下拖动以使其更暗。

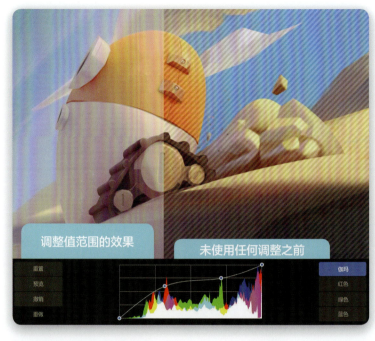
▲ 曲线乍一看令人望而生畏，但它们并不比其他调整难

许多艺术家将曲线调整的使用限制在修改其作品的整体色相和亮度值上。这样是很有用的，但你还可以修改作品中每个值范围中的红色、绿色或蓝色的数值。例如，如果发现高光有些黄，则可以点击曲线菜单中的蓝色通道（因为蓝色是黄色的互补色），然后将曲线的右侧向上拖动。这将增加高光中蓝色的数值，从而减少黄色的数值。

▲ 曲线乍一看令人望而生畏，但它们并不比其他调整难

调整

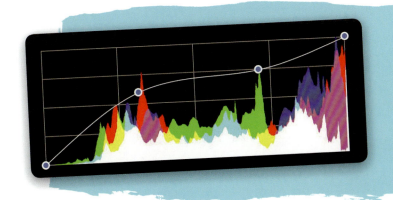

直方图

在Procreate中，直方图是图像颜色和亮度值的图形表示。左边表示黑色，右边表示白色，其他表示介于两者之间的颜色。每个部分中条形图的高度代表了作品中该亮度值的大小。

重新着色

重新着色是一个简单的工具。如果你需要在绘画结束时进行较大的改变，则使用该工具可以节省大量的时间。

假设你已经完成了插图的绘制，把图片平展，应用了一些后期制作的效果，并完成了交付。这时你的客户突然决定改变角色皮肤的颜色。那么，不要尝试剪切或选择所有皮肤的颜色，只需在调色板中选择新的颜色，然后选择【重新着色】命令并点击皮肤的颜色，即可立即修改皮肤的颜色。

▼ 使用重新着色调整可以节省大量修改时间

使用重新着色之后

未使用重新着色之前

65

操作

点击顶部工具栏的扳手图标，即可打开【操作】菜单。此菜单包含多种命令，从个性化的Procreate手势到连接不同的触控笔。

在本章中，你将学习如何：

- 使用【添加文本】工具。
- 使用选项卡中的不同选项。
- 使用和编辑绘图指引。
- 使用动画协助。
- 使用【偏好设置】选项卡中的各种选项自定义你在Procreate中的体验。
- 使用手势控制面板自定义Procreate的手势以满足需求。
- 使用Procreate的缩时视频回放，以及它如何帮助艺术家们分享他们的作品并相互学习。

添加

点击界面左上角的扳手图标，打开【操作】菜单。你将看到几个菜单类别，其中第一个就是【添加】选项卡。

【添加】选项卡包含以下选项：

- 插入文件（直接从设备中）。
- 插入照片（从图库中）。
- 拍照（使用iPad）。
- 添加文本。

【添加】选项卡下方还有复制、粘贴菜单的选项，你可以选择在这里访问这些选项，而不是使用第26页介绍的手势。

▲ 【添加】选项卡列出了用于插入元素，以及复制和粘贴图层的选项

本章图片版权属于卢卡斯·佩纳多

选择【添加文本】选项将创建带有示例【文本】的文本图层。文本的颜色取决于当前在色盘中选择的颜色。在写完要写的内容后，点击【编辑样式】按钮，它将提供各种样式选项，让你可以更改字体、大小、不透明度、样式和字距（字母之间的距离），以及导入自己的字体。

▶ 点击【编辑样式】按钮，可更改文本的字体、大小、不透明度、样式和字距

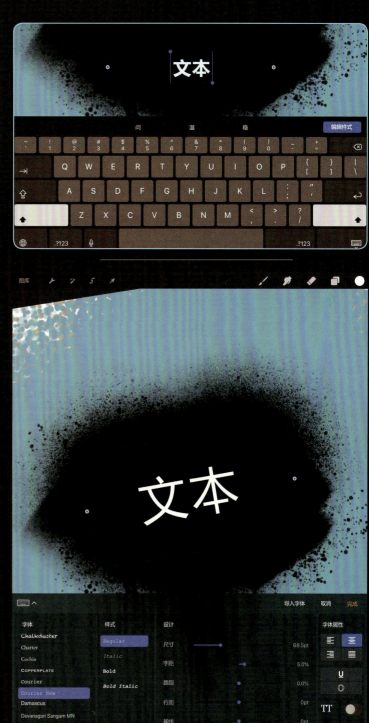

画布

【操作】菜单中的第二类是【画布】选项卡。在这里，可以查看和编辑画布的属性。

【裁剪并调整大小】选项用于修改画布的大小。你可以通过拖动图像周围的矩形来裁剪它或者编辑屏幕底部框中的数字来更改它的分辨率，也可以使用滑块来旋转它。

第一个框中的数字表示宽度，第二个框中的数字表示高度。点击链条图标可以将它们锁定，使它们成比例。如果想要放大图像，而不仅仅是图像周围的画布，则启用【画布重新取样】选项。此选项将自动链接宽度和高度。

裁剪和调整屏幕时还会显示图层数量。这是可以在文件中创建的最大图层数量。画布越大，可创建的图层数量越小。

【画布】选项卡还包含了【水平翻转画布】和【垂直翻转画布】选项。如果想要刷新视图和捕捉任何错误，这两个选项很有用。在这两个选项下面是【画布信息】选项，可以通过该选项查看图像的文件大小、使用的图层数量、画布的尺寸和跟踪时间。跟踪时间有助于查看绘制完一幅作品实际所需的时间。

▲ 点击画布以编辑画布的属性

◀ 轻松裁剪和调整图像大小

绘图指引

绘图指引是在绘图时遵循的一种生成网格的简单方法。它可以在【画布】选项卡中被打开和关闭。它下方是【编辑绘图指引】按钮。点击此按钮，你将看到一个屏幕并且可以在其中选择指引类型及其所有属性。例如，可以选择【2D网格】、【等大】、【透视】和【对称】等类型。这些类型都是相当简单的，并共享相同的属性，如颜色、厚度和辅助线的不透明度。

绘图指引还可以将笔画和辅助线对齐。这有助于在透视图中构建场景。可以通过启用绘图辅助功能来执行此操作。

2D网格指引

2D网格是由相互等距的垂直线和水平线组成的网格。如果需要将画布划分为相等的几部分，或者需要沿画布均匀分布对象，则会发现2D网格很有用。

等大指引

等大网络是由垂直线和对角线组成的网格，后者以30°投射。此网格可用于绘制对象，即使以三维方式绘制，也不会随着距离而缩短。

透视指引

透视的独特之处在于，只需要轻点屏幕就可以放置多达3个消失点，然后拖动它们即可重新定位，或者再次点击即可删除它们。

对称指引

对称允许用户选择需要使用的对称类型（如垂直、水平、四象限或径向），还可以打开或关闭轴向对称。当启用这最后一个选项时，你将注意到线条会保持相同的方向，而不是像往常一样相反的方向。

▲ 透视指引最多可创建3个消失点

绘图辅助

绘图辅助对图层敏感，这意味着可以为特定图层打开它。在【图层】弹出窗口中点击任意图层并启用绘图辅助功能来完成此操作。一旦图层启用了该功能，你将看到在图层名称下面写着【辅助】。

偏好设置

【偏好设置】选项卡提供了一些有用的选项，可以提升你在Procreate中的体验。

- 如果你不喜欢Procreate的深色界面，那么可以试试浅色界面。

- 右侧界面可以切换尺寸和不透明度滑块所在的侧边，以便你使用非惯用手来控制它们。

- 在绘画时，可以打开或关闭画笔光标以显示或隐藏画笔的轮廓。

- 与其他设备共享屏幕时，投射画布可以共享画布，而无须显示界面。

- 快速撤销延迟可以确定撤销时需要保持多长时间才能启动自动撤销。

- 选区蒙版可见度可以控制当有活动选区时斑马图案的可见程度。

- 连接第三方触控笔无须解释；在没有Apple Pencil的情况下，就需要使用它。

- 编辑压力曲线可以调整Procreate影响笔画的压力的方式。

▶ 【偏好设置】选项卡包含多个有用的选项

压力曲线

我们都有一种握笔的自然方式。有些人会轻轻握住它，而有些人则会像挤牙膏一样用力挤压它。压力曲线可以将其个性化。向下的曲线用于捕捉更敏感的笔画，而向上的曲线更适合手部有力的人。

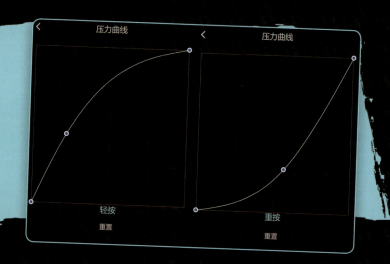

手势控制

【偏好设置】选项卡中的最后一个选项是【手势控制】。在这里，可以自定义 Procreate 中的手势来优化自己的工作流程。例如，当你用手指而不是触控笔来触摸屏幕时，可以切换到涂抹工具，设置辅助绘画的手势，更改调用吸管的方式，或者减少吸管出现的延迟。

可以尝试使用以下两种有用的自定义设置：触摸调用速选菜单，然后使用修改按钮结合触摸激活图层选择。在大型项目上工作时，这两个命令可以加快工作流程。

▶ 在手势控制面板中修改手势

视频

Procreate 拥有一个与市场上其他数字绘画应用程序不同的独特功能：可以录制缩时视频。

在【操作】菜单下面有一个名称为【视频】的选项卡。通过启用【录制缩时视频】选项，Procreate 将把你在文件中所做的每一个笔触或动作当作一个步骤来录制成视频。这对任何艺术家来说都是巨大的优势：不仅可以从自己的工作过程中得到提升，还可以与他人分享这段视频。

要观看当前文件的视频，可选择【缩时视频回放】选项。通过左右滑动手指，你可以快退或快进视频。

要导出视频，可选择【导出缩时视频】选项。Procreate 提供了导出完整长度视频的选项，或者如果你的视频相当长，则可以选择 30s 的压缩版本，并在选择之后，选择想要保存视频的位置。

▲ Procreate 在默认情况下会记录你的画布——应充分利用这个功能

71

项目流程

相信你现在已经知道了如何使用Procreate，那么是时候将你学到的新知识付诸实践了。下面介绍由专业艺术家撰写的8个详细项目流程，演示如何在Procreate中创作各种数字绘画。

项目艺术家几乎都使用Apple Pencil来完成他们的数字绘画。值得注意的是，如果使用第三方触控笔，那么你可能无法创建艺术家们在之后页面中已实现的相同的笔触效果。这与Apple Pencil特有的高级压力和倾斜功能相关。但是，我们将一直使用触控笔一词，因为这样一来，你仍然可以使用第三方触控笔跟随并完成项目。

在项目开始之前，不要忘记下载每个项目的免费资源（见第208页）。

插图

伊兹·伯顿

这个项目将指导你如何创建一个具有建筑元素的幻想类环境插图，并制造一种神秘的气氛来吸引观众。

你将学习如何将想法从缩略图阶段到粗糙的色彩阶段再到最终阶段进行艺术展现，并使用自己的建筑照片来帮助激发设计灵感；学习如何锁定形状并锁定像素，以便在特定的形状内绘制并添加纹理；学习如何在插图上添加光线和纹理，使其栩栩如生，以及学习使用 **Procreate** 的基础知识。这些技能和技巧可以被很容易地应用到其他类型的插图中，以对将来的项目提供帮助。

虽然该项目使用了摄影图片作为参考，但是也要求发挥想象力。插画最大的优势是不会受到现实世界的约束；创造一个受真实生活启发，但使用的是幻想、夸张的颜色或形状的世界会很有趣。

第208页

学习如何：

▶ 锁定形状和像素以确保笔刷在定义的形状内。

▶ 使用剪辑蒙版。

▶ 在最终插图上添加灯光和光晕。

▶ 将物体整合到环境中。

▶ 对画笔进行试验。

▶ 采用概括和古怪的元素来增加插图的魅力。

01

在开始之前，可以花点时间来构思想法、收集参考素材，从而帮助你将插图放在一起。当创作一幅以建筑为主题的插图时，可以将你所住区域的建筑或者在其他地方参观的建筑的照片拍下来。右侧的样板包含了一组在英国路易斯拍摄的照片，那里有非常古老的都铎式建筑，符合这幅插图将唤起的神秘、童话般的感觉。

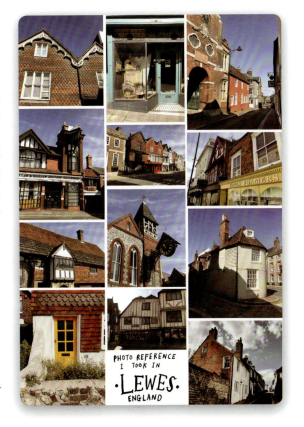

▶ 创建照片参考的样板，有助于激发插图的设计灵感

02

现在设置iPad工作区。可以使用iPad的分屏功能在Procreate中将样板放在画布的旁边。将屏幕底部的灰色条向上滑动以打开程序坞，按住【照片】应用程序，然后将其拖放到屏幕上。在照片中找到样板。程序坞只显示最近使用的应用程序，因此，如果【照片】应用程序未显示在程序坞上，则先单独打开照片，再返回Procreate中，此时该应用程序应该出现在了程序坞中。

▲ 设置工作区

03

启用速创形状工具创建4个故事面板，在其中绘制缩略图构思（见第36页）。在绘制完第一个方框的4条线后，点击【变换】→【等比】按钮并将方框缩小到页面的四分之一。接下来，复制该图层，使用变换工具将第二个方框移动到第一个方框的旁边。然后重复复制，直到出现4个方框。最后合并这些图层，使4个方框都在同一个图层上。

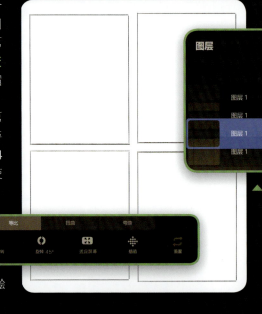

▲ 缩小方框的比例，复制该方框以创建4个方框，然后将4个图层合并到一起

▶ 使用速创形状工具绘制直线

04

使用【素描】→【6B铅笔】绘制缩略图。绘制缩略图应该粗略、快速，主要关注构思、布局和组成，而不是细节。同时，让自己放松且富有想象力——这是发挥你想法的时候。在缩略图上方创建一个新图层用来绘制，并重命名新图层以保持图层的条理性。

◀ 为缩略图创建一个新图层，并重命名新图层以优化管理

05

使用变换工具缩放和旋转绘图。如果只想缩小作品的一部分，则点击【选区】→【手绘】按钮并围绕要缩放的区域绘制。然后使用变换工具根据需要进行缩放和旋转。当你以不同的角度倾斜触控笔时，6B铅笔会提供一些不错的阴影效果。

▲ 使用选区工具变换缩略图

艺术家提示

在Apple Pencil（第2代）上，可以通过双击笔身的下半部分以快速地切换擦除和画笔工具。

▲ 完成的缩略图

06

缩略图2的效果很好，但是，缩略图3的一些元素也很不错。创建一个新的缩略图将这两者结合在一起。首先，使用选区工具在缩略图2周围绘制，然后打开复制粘贴菜单，点击【复制并粘贴】按钮，将创建一个新图层，名称为【来自选区】。通过取消勾选其他图层即可隐藏其他缩略图。擦除缩略图2上不喜欢的区域。取消隐藏其他缩略图，并使用选区工具从缩略图3中复制并粘贴喜欢的区域——灯塔到缩略图2中。使用变换工具将其移动并缩放到正确的位置。将最终的缩略图合并到自己的图层上，并通过草图填充所有空隙。

◀ 使用选区工具选择缩略图的区域

▲ 擦除缩略图2中不喜欢的区域　　▲ 使用选区工具从缩略图3中复制并粘贴灯塔　　▲ 通过复制并粘贴细节合并缩略图

项目流程

07

在对制作的缩略图感到满意后，隐藏其余的图层并放大以适应画布。点击【变换】→【水平翻转】按钮。这是一个很好的检查视角并确保没有画在斜面上的方法。如果图像是倾斜的，则按住变换框上的节点，然后移动它们以摆正图像。最后点击【水平翻转】按钮返回初始方向。

▶ 水平翻转画布以检查缩略图是否正常工作

08

另一个解决问题的好方法是选择【调整】→【液化】命令。通过在区域中拖动触控笔来使用推功能移动缩略图的一部分。在液化操作中可尝试使用其他工具来优化缩略图。

▶ 使用液化工具完善缩略图

插图

09

现在是时候画一个更详细的线稿了。从降低图层的不透明度开始,然后创建一个新图层并将其命名为【最终线稿】。以缩略图作为参考,在此图层上进行绘制。由于线稿不会显示在最终插图上,你仍然可以粗略地绘制该线稿,用来为最终插图创建足够详细的参考。

▶ 降低【缩略图】图层的不透明度,并在其上方创建一个新的线稿图层

10

使用速创形状工具,并使用与之前创建直线相同的方法,为时钟创建一个完美的圆形(见第36页)。然后,花费一些时间完善草图,这是为最终插图提供信息。在此阶段修改内容比在多个图层上绘制内容容易得多。

▶ 使用速创形状工具轻松创建完美的形状

项目流程

艺术家提示

基础色在设置图像的氛围时非常重要。传统画家会给画布涂上一层基础色，以便在他们漏掉某些区域时，下面显示的颜色不是纯白色。紫色的基础色可以营造出一种朦胧、神秘的氛围，而金黄色的基础色则会营造出一种更温暖、更吸引人的氛围。在绘画之前，可以先多考虑一下基础色。

11

创建颜色草图是一个很好的方法，可以在决定最终颜色之前尝试实现想要的情绪和氛围。为第一个颜色创建新的图层。将线稿图层的混合模式设置为【叠加】模式并降低其不透明度。选择一种颜色，并将该颜色拖放到画布上，即可以基础色填充【颜色草图】图层（确保首先使用新的【颜色草图】图层）。

▼ 创建一个纯色图层

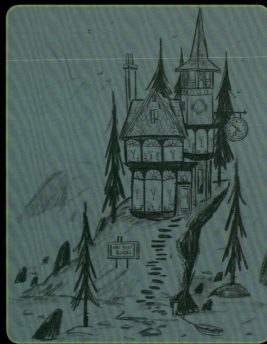

12

在基础色上绘制时，不需要担心【颜色草图】图层。使用【艺术效果】→【亚克力】之类宽松的画笔来绘制一些颜色草图，并为每种颜色草图创建一个新图层。可以使用网上找到的图像作为参考，进行一天中不同时段和天气类型的试验。通过观察周围的世界可以了解光线和色彩，因此，你可以将定期拍摄自己的照片作为一个常规练习。选择你喜欢的【颜色草图】图层并删除其他的【颜色草图】图层。

▼ 用宽松的笔触来营造意境和氛围

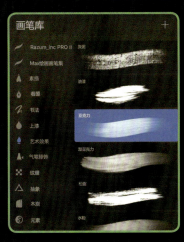

13

减少图层的数量，确保保留【最终线稿】和【颜色草图】图层。将【颜色草图】图层放在所有绘画图层之上，就可以打开和关闭它以选择颜色。在绘画时，你可以为任何想要单独编辑的对象创建一个新的图层。从【背景】图层开始，在上面绘制天空和水。使用吸管工具（见第39页）在颜色草图上吸取颜色。使用【上漆】→【平画笔】绘制背景颜色；使用【喷漆】→【喷溅】画笔为云层绘制柔和、颗粒状的效果。

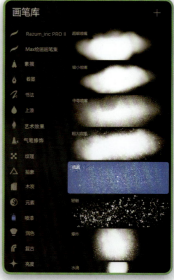

▲ 使用不同的画笔获得不一样的效果

14

在工作时打开和关闭【最终线稿】图层，以检查草图在关闭状态下是否一切正常。例如，亚克力之类的画笔具有较低的不透明度，可以使用重叠颜色。要混合两种颜色，可绘制两种颜色并使其重叠，然后选择重叠中心的颜色并在重叠交界处绘制，直到将颜色混合成一个较好的渐变效果。将天空和海洋的交界线混合，可以使艺术品具有一种朦胧的感觉。接下来需要继续重命名图层。

在确定背景分界线时混合颜色

15

为小岛创建一个新图层,并使用【着墨】→【干油墨】画笔对它进行绘制。一旦确定好了形状,就对该图层进行阿尔法锁定。此时当你绘制笔触时,将保持在已经定义好的形状内。使用【素描】→【有机】→【细枝】画笔给岛上的草地上色;使用6B铅笔绘制任何细节。尝试使用不同的画笔来实现想要的效果。

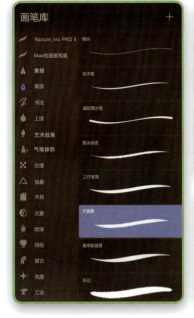

▶ 绘制岛的形状,为其增加细节

16

为书店创建一个新的图层并绘制它的形状,再次使用干油墨画笔。这次只需要绘制整体形状,然后将颜色拖动到轮廓形状中进行填充。使用阿尔法锁定来锁定像素,然后为该建筑绘制细节。为屋顶的边缘和窗户等细节创建新的图层。使用【剪辑蒙版】工具确保该图层位于书店图层的上方,并且这些新图层附着在已绘制的建筑形状上。

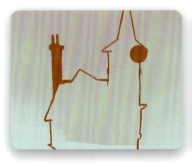

▶ 绘制书店的剪影,使用【剪辑蒙版】工具添加细节

17

在添加阴影和高光时，首先设置光源，使所有阴影处在同一方向。使用干油墨画笔绘制粗糙的线条和柔和的东西，就像使用【有机】→【竹子】画笔混合一样。使用6B铅笔以松散的方式添加砖块和瓦的细节。通过降低画笔的不透明度并在主颜色中绘制不同的鲜艳颜色，然后使用涂抹工具并将其设置为【上漆】→【旧画笔】来混合这些颜色，从而使颜色发生变化以防止诸如店铺正面木材等的颜色显得平淡。

▼ 添加细节和颜色变化以引起人的注意

18

通过创建一个新的图层，在上面绘制几个简单的彩色矩形，并将它们堆叠到一起来添加书的细节。因为它们太小了，所以不需要把它们摆放得很整齐。将混合模式设置为【变亮】→【变亮】，使书看起来就像是在玻璃窗的后面。将所有建筑的图层放在一个图层组中，并重命名为【建筑】，在【建筑】图层组的上方创建一个新的图层，使用6B铅笔在建筑与草地相交的地方添加草地的细节，以使其与环境相结合。

▼ 添加细节，如窗户上的书和岛上的草地

84

19

添加一条小路和其他草地的细节。为树干创建一个新的图层，使用干油墨画笔绘制树干，并将其锁定。使用阿尔法锁定来锁定像素，选择一个较亮的颜色，使用【工业】→【荒地画笔】为树干添加纹理。再次创建一个新的图层来绘制树枝，使用【有机】→【紫貂画笔】绘制抽象的树叶形状并对其进行锁定。对于建筑背后出现的树枝，需要创建第二个分支图层，并将此图层移动至【建筑】图层组的下方。使用6B铅笔添加落叶的细节。

艺术家提示

在绘画时，你需要考虑最暗部和最亮部的颜色（你的黑白点）。在现实生活中，很少见到纯黑色或纯白色。不要用白色点缀最亮部，可以使用浅黄色为作品营造温暖的感觉，或者使用浅蓝色为作品营造凉爽的感觉；最暗部的设置也是类似的。这将使你的作品更有深度。

▲ 完善作品并添加更多细节

项目流程

20

在添加时钟时，如果商店橱窗的对比度不够，则可以对图层设置阿尔法锁定，然后在整个图层上用不透明度较低的画笔绘制黑色，从而使该图层变暗。使用干油墨画笔绘制岩石的形状并开启阿尔法锁定功能，然后使用【工业】→【生锈腐烂】和【喷漆】→【轻触】画笔添加不同颜色的纹理。在背景中添加山丘，使用【喷漆】→【中等喷嘴】画笔在每个山丘的底部使用与背景相同的颜色进行绘制，以营造山雾缭绕的氛围。

▲ 在背景中添加更加细节，包括时钟、岩石和山丘

21

在一个新的图层上，使用浅蓝色的6B铅笔在水中添加涟漪和浪花，将笔尖倾斜到适当的位置，以创建更厚和更薄的标志。选择浅黄色，使用6B铅笔在树木和建筑上添加高光边缘，并添加任何被遗忘的阴影。每隔一定的时间缩小图像，以检查图像在缩小的状态下是否清晰。

▲ 添加高光、阴影和涟漪

22

合并所有【岛】图层,因为图层数量将达到限制。复制【岛】图层,然后点击【变换】→【垂直翻转】按钮并将此图层重命名为【反射】。将【反射】图层移到【岛】图层下方,并将其定位为水中的【反射】图层。降低【反射】图层的不透明度,然后仔细观察并使用画笔修正任何区域,擦除任何错误的反射。使用选区和变换工具将它们移动到正确的位置上。在一个新图层上使用喷漆画笔添加更多雾气,并使用6B铅笔添加小鸟的细节。

▲ 通过合并和翻转图像以创建水中的【反射】图层

23

创建一个新的图层,并将其混合模式设置为【覆盖】。接下来,选择浅黄色并使用【喷漆】画笔集中的任意一支画笔来绘制光源(屏幕左侧)。调整图层的不透明度,直到看起来合适为止。再次添加一个新图层,并将其设置为【覆盖】模式,在最亮的高亮区域绘制更多的光。

▲ 添加温暖光亮的温暖氛围

一旦对所绘制的图像感到满意，就合并所有图层。若要在合并前保存备份，则点击【选择】→【复制】按钮来复制图库中的整个图像。复制这个合并后的图层，然后选择【调整】→【颜色平衡】命令。尝试使用高亮区域、中间调和阴影来创建所需的效果。在高亮区域添加更多的红色和黄色，营造更温暖的感觉。在完成绘制后，通过导出图像来分享它（见第18页）。

▶ 在保存前使用【颜色平衡】工具调整效果图

效果图展示

最后的效果图展现的是坐落在充满迷雾的崎岖岛屿上的一家美丽又神秘的书店。也许它被遗弃了？没有人知道。这幅插图等待你来探索。像鸟这样的小细节使得图像栩栩如生。使用本项目所涵盖的技巧，你可以通过一天中时间、天气和颜色的变化来营造不同的氛围。你也可以试着加入角色来讲述更多的故事。

下图：红发

下图：在岸边

角色设计

艾夫琳·斯托卡特

　　本项目将介绍如何在一个简单的背景上创建一个人物角色。示例角色是一位走在巴黎街头的年轻女性，本项目将会向你展示如何捕捉她阳光、优雅且略带一丝羞涩的特点，以及如何绘制出适合表现她情绪的氛围。这幅画将会传达充满活力的浪漫氛围，并给人一种角色正在阳光明媚的下午散步的感觉。

　　本项目将按步骤地指导你，从草图探索到最后的效果图展示，创建一个引人入胜的角色形象。它将教你如何使用工具，如剪辑蒙版和阿尔法锁定，并结合图层混合模式来绘制颜色，以及如何使用不同的效果来营造一个温暖、充满活力的氛围。

第208页

学习如何：

▶ 管理图层以创造整洁的工作流程。

▶ 使用剪辑蒙版和阿尔法锁定绘制颜色。

▶ 使用图层混合模式创建灯光和阴影。

▶ 通过创造景深来突出主题。

▶ 添加简单又实用的效果以加强画面效果。

角色设计

01

首先在图库中创建一个新文件。你可以选择默认格式，如A4（2480px×3508px，300dpi），或者点击【创建自定义尺寸】按钮以创建自定义尺寸。选择的分辨率将影响可用图层的数量，如果选择自定义尺寸，则应牢记dpi的数值。如果想要创建高品质、可打印的文件，则分辨率不能低于300dpi。

▶ 创建一个新画布

02

在新画布上使用【着墨】→【墨水渗流】画笔绘制各种角色的姿态。此画笔有很好的笔触纹理，可尝试使用各种画笔以找到一支你喜欢的。使用左侧滑块，将画笔的尺寸和不透明度降低到35%。此设置将会提供一个轻而细的笔触，这在绘制草图的时候非常重要，可以确保不会出现许多又粗又深的线条。在开始绘制结构的过程中不要太用力，并逐渐强调结构线。

▼ 通过5个角色姿态探索不同的情绪和表情

93

项目流程

03

使用选区工具选出你最喜欢的草图并将它放置到一个新图层上。点击【选区】→【手绘】按钮,在草图上选取角色,然后点击灰点以完成选区操作。在激活选区后,点击【复制】按钮为选区建立一个新图层,并将该图层命名为【角色草图】。变换工具将被自动激活,可以旋转或更改选区的大小。使用【磁性】选项(见第57页)来保持草图比例的正确性。

▲ 所选的角色姿势草图可以吸引观众

04

在给图层命名之后,你就可以更加容易地识别它们。一旦图层被组织到一起,就可以隐藏一些不需要的图层。取消勾选图层后对应的复选框,即可隐藏它们。保持【角色草图】图层可见,并将其混合模式设置为【正片叠底】。【正片叠底】模式会使线条变得透明,而当将其叠加到另一个颜色上时会显得更深。

▲ 将【角色草图】图层设置为【正片叠底】模式

05

创建一个新图层,将其放在【角色草图】图层的下方,并命名为【皮肤】。尝试使用【书法】→【粉笔】画笔来绘制颜色。此画笔笔触有很好的纹理且易于绘制大色块。选择一种颜色,开始创建颜色草图。在尝试阶段,不用担心颜色的准确性。在单独的图层上创建每个元素,这将更容易更改颜色而不会影响其他颜色。在创建完第一个颜色草图后,将图层分组并命名为【颜色1】。

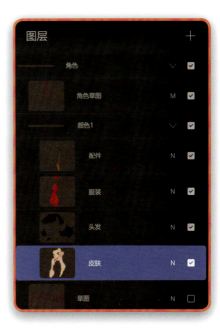

▲ 为每个元素使用新的图层:皮肤、头发、服装和配件

艺术家提示

当使用样板作为设计灵感时,将屏幕分开以避免在屏幕之间来回移动。打开Procreate,从屏幕底部中间边缘向上滑动,程序坞将显示最近使用的应用程序。如果样板在Pinterest中,则打开Pinterest应用程序,然后将样板拖曳到屏幕的左侧或右侧。这样就可以在Procreate中更方便地浏览参考图像,更轻松、有序地探索设计方案。

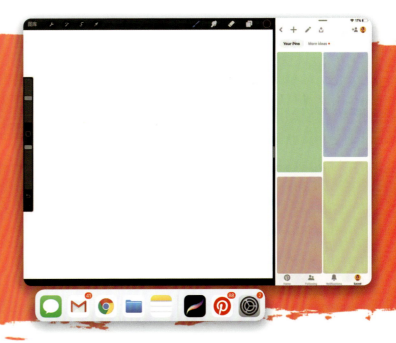

06

若要探索其他可能性，则复制【颜色1】图层并将新图层命名为【颜色2】，然后将【颜色1】图层移至其下方。按照上述操作重复5次以创建6个不同的探索分组。在完成后，可以打开一个颜色图层组并为不同的图层重新着色。使用阿尔法锁定可以直接在形状内部绘制另一种颜色，而不会超出边缘。或者，你可以尝试通过色相、饱和度和亮度滑块来更改颜色。

▲ 当阿尔法锁定处于激活状态时，图层预览后面将出现一个复选框

07

在决定好使用其中一个颜色草图后，复制该图层组，并将其合并。这将创建一个新的包含所有元素的图层。现在你应当对角色有了一定的想法，下面给角色设置一个简单的环境。在相同的环境中探索所有的景色。将与角色相关的图层放在一个图层组中并重命名为【角色】，然后将其设置为蒙版，为背景的绘制创建一个空白空间。

▶ 角色图层组应包含所有颜色的草图

角色设计

08

使用与创建角色相同的方法构思背景。首先，绘制一个大致的构图以体现角色在场景中的大小。然后，轻轻地绘制透视线条以展现更多动态的效果，研究人物在街道上行走的照片以帮助你绘制作品。在一个新的图层上重新绘制相同的草图并进一步细化，然后复制图层并将它的不透明度降低到30%。在顶部创建一个新图层并在之前的草图上开始细化背景。

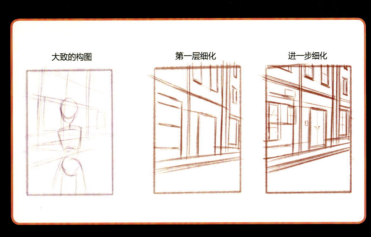

▲ 绘制背景草图

09

在选择背景颜色时，可以参考自己喜欢的光线氛围的图片。按照对角色所做的操作，将【草图】图层设置为【叠加】模式并在其下方的图层上绘制颜色。在绘制完成后，将角色的颜色草图平展并将其放在背景的颜色草图上方，然后使用变换工具重置它的大小。这将使你了解所选的颜色是如何互相影响的，以及是否需要做一些调整。接下来，通过添加图层来标示光和阴影衰减的区域。使用浅黄色绘制光的范围，并在一个不同的图层上，使用暖紫色绘制阴影。将此图层设置为【正片叠底】模式并降低它的不透明度。在设置完成后，合并角色和背景的颜色草图的图层。

▼ 为角色和背景的颜色草图快速测试光影效果

97

项目流程

10

在开始最终创作时,创建一个新的A4画布,复制最终颜色和草图的图层,并将它们粘贴到新文件中。为此,选择需要复制的图层(背景草图、角色草图和颜色草图),使用触控笔的笔尖按住其中一个图层,图层将突出显示并跟随触控笔移动。按住它们,用另一只手点击图库,接着点击新文件。在打开新文件后,松开触控笔,图层将被自动导入新文件中。

▲ 当被导入另一个文件时,选定的图层将显示为一个图层组

11

在画布上使用变换工具排列草图。重新排列和定位背景和角色草图,将角色的眼睛放置在图片上半部分的三分之一处。缩小最终的颜色草图的大小并将其放置在屏幕的角落以备需要时参考。这可以让调色盘触手可及,允许用户使用吸管工具吸取想要的颜色。

▲ 调整背景草图和角色草图的大小,并将最终的颜色草图作为缩略图

12

现在可以清理你的草图了。隐藏【背景】图层并将【角色草图】图层的不透明度调整为35%。在【角色草图】图层上方创建一个新的图层,并使用墨水渗流画笔在草图上开始绘制。根据需要重复几次上述操作以优化草图。在你对【清理】图层上的精细图像满意后,隐藏或删除【角色草图】图层,将【清理】图层设置为【正片叠底】模式,然后准备好开始绘制。

▶ 将角色草图上方的【清理】图层设置为【正片叠底】模式

艺术家提示

在使用擦除工具时,可以选择和画笔一样的纹理。按住擦除工具直到它轻微反弹并变成蓝色为止。这意味着它处于激活状态,并且将使用与画笔相同的纹理。

13

　　隐藏【角色草图】图层并将【清理】图层的不透明度降为20%。创建一个新的图层，将其放在【清理】图层的下方并命名为【身体】。点击默认的【背景】图层并从颜色框里选择灰色，将默认画布的背景颜色改为灰色。这可以使线条的颜色更加突出，并且使它们被看得更加清楚。当草图和线稿使用红色时，在其中绘制颜色，尤其是肤色，将使得图像的色调变暖。注意避免使用黑色，因为这会产生混浊的效果，从而影响整个图像。

▲ 将【清理】图层设置在灰色背景上

14

　　使用吸管工具从颜色草图的缩略图中选取皮肤的颜色，右上角的色盘将会自动切换为选定的颜色。使用墨水渗流画笔勾勒出角色整体肤色的剪影。一旦绘制好剪影，就需要确保上面没有缺口。如果在填充形状时有任何缺口，那么颜色将会填充整个画布。如果想要填充形状，则拖动颜色到轮廓的内部。如果轮廓附近有一条细白线，则只会在上面折回。

▲ 使用吸管工具从颜色草图中取样

15

为每个元素的颜色创建新图层。通过使用剪辑蒙版来节省时间，可以避免重新勾勒每个项目的轮廓。点击选择的图层（如【衬衫】图层），然后选择【剪辑蒙版】命令，【衬衫】图层将会被剪辑到下面的图层中，而图层中的内容将作为一个模板。现在你就可以绘制衬衫，而不用担心超出形状的范围。使用吸管工具选择红色，大致勾勒出衬衫的轮廓（因为它是模板，所以看不到），但需要精确到腰部。一旦形状闭合，即可将颜色拖动到形状中。

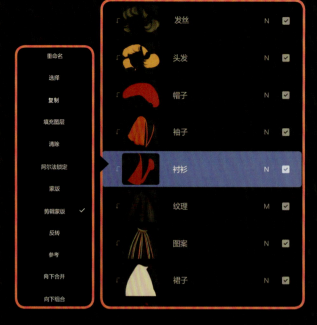

▲ 所有在左侧有向下小箭头的图层都将被剪辑到【身体】图层中

16

对【裙子】【头发】【帽子】【配件】【腮红】等图层重复这个过程。选择鲜艳的红色作为腮红，然后使用【喷漆】→【轻触】画笔进行涂抹，将画笔尺寸减小到3%～5%。这将提升皮肤的气色，并提供一个不错的皮肤纹理。将【腮红】图层设置为【正片叠底】模式。若要使袖子具有透明的质感，则将【袖子】图层的不透明度降低为75%。使用【艺术效果】→【湿亚克力】画笔创建头发的阴影。将画笔尺寸减小到10%，接着创建一个新图层并使用非常浅的黄色绘制阴影以创建一缕一缕的效果。

喷漆　　　　艺术效果

▲ 颜色图层构成了角色的所有平面颜色

角色设计

17

若要绘制面部，则创建一个独立于其他图层组的新图层组。为眼白创建一个图层，然后在它上方为虹膜添加一个图层，并将其剪辑到【眼白】图层。如果需要，也可以重新定位虹膜的位置。在这个基础上，为睫毛、眉毛和嘴巴添加新的图层，将构成面部的所有图层放在一个图层组中，并将其命名为【面部】。最后，在【面部】图层组的顶部，使用浅粉色重新绘制线稿以更好地定义不同的元素，并确保当你隐藏【清理】图层并将其设置为【正片叠底】模式时它们不会消失。

▲ 添加【线条】图层以定义脖子、眼睑、鼻子、手指、耳朵内部和包袋的边缘

18

在绘制完角色后，使用相同的步骤绘制背景。首先，将所有的角色元素放在一个图层组里，并隐藏【角色】图层组。然后，在【角色】图层组下方创建一个新的图层，并使用吸管工具从最终的颜色草图中选取颜色后开始绘制。使用粉笔可以很容易地创建色块。虽然你可以在同一个图层上绘制所有内容，但是将元素分开到不同的图层上绘制可以更自由地编辑它们。在这里不用太担心精确性，因为背景将会变得有些模糊和失焦。

◀ 使用不同的图层给街道上色

19

　　若要创建失焦的效果,则复制【背景】图层(如果有多个【背景】图层,则可以将它们创建为一个图层组,然后将其复制并合并),然后选择【调整】→【高斯模糊】命令,将模糊强度设置为17%以创建景深的效果。

▲ 通过从左向右滑动来控制高斯模糊的强度

20

　　若要照亮场景,则取消隐藏【角色】图层组并在其上方创建一个新的图层。然后将该图层的混合模式设置为【正片叠底】并使用暖紫色绘制阴影。千万不要使用黑色,因为这样会使颜色显得灰暗。使用【涂抹】→【墨水渗流】画笔,将画笔尺寸调整为80%~100%、不透明度调整为10%~20%。使用此画笔轻轻涂抹边缘来柔化阴影的轮廓。

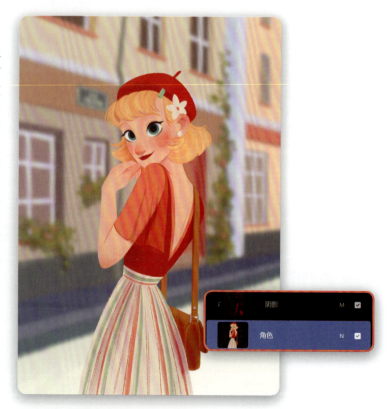

▲ 模糊背景映衬下的角色

21

若要添加光感，则创建一个新的图层，然后使用浅黄色在阳光照到角色的位置上进行绘制。将该图层的混合模式设置为【覆盖】，以增加颜色的对比度和饱和度。若要添加高光，则在此之上添加一个新图层，并使用相同的浅黄色强调某些区域。接下来，添加天光。虽然天光非常柔和但可以使光线更一致。在新图层上，在角色的帽子、鼻子和手的顶部添加一些浅蓝色，将混合模式设置为【滤色】，并将不透明度降低到55%。

▲ 复制并合并【角色】图层组后，使用剪辑蒙版添加光和阴影

22

若要塑造氛围，则复制【高光】图层并将其混合模式设置为【覆盖】。选择【高斯模糊】命令，并将其强度设置为20%，为角色创建柔和的辉光。在此阶段，可以添加更多的细节。在一个新图层上，用白色在眼睛中创建反射，并将其混合模式设置为【添加】，同时将它的不透明度设置为13%。使用白色可以绘制精细的发丝，以及通过绘制不相干的点来创建微小的尘埃颗粒。复制【灰层】图层并对其设置轻微的模糊效果，以使粒子具有较好的光晕效果。

▲ 细节的特写镜头

23

最后，使用一些颜色调整命令将氛围变暖。若要确保调整应用于整个图像，则需要将图像平展在一个图层上。要进行此操作，可调用复制粘贴菜单并点击【全部复制】→【粘贴】按钮。如果【粘贴】按钮处于冻结的状态，则只需要重做操作，即可解冻【粘贴】按钮。现在整个图像被平展在一个图层上，然后调整曲线，将伽玛的中心点稍微向下拉动以增加对比度，并稍微增加一些红色以使图像变暖。

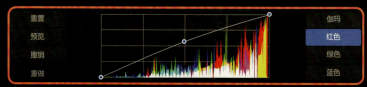

▲ 伽玛会影响图像中的所有颜色

24

如果想要达到最终效果，则复制【效果图】图层。选择【调整】→【透视模糊】命令，创建轻微的运动效果。将光标移动到角色脸部的中心并将模糊强度设置为5%。这几乎是看不见的，但是会给角色的眼睛增添灵动感。选择【调整】→【杂色】命令，并将杂色值设置为13%。如果想要添加一些颜色边缘的VHS效果，则复制该图层，将其混合模式设置为【颜色】，并将图片移动几毫米，然后使用【气笔修饰】→【软气笔】，将画笔的尺寸调大，在混合模式下为添加的新图层绘制一个柔和的橙色光晕，并将其不透明度设置为30%。在对图像的效果感到满意后，即可导出并分享它（见第18页）。

▲ 效果图

效果图展示

在学习完本项目后，你可以创建一个角色，并在一个背景上设置各种元素以营造一个互补的氛围。现在你已经学会了如何创建一个温暖、明亮和充满活力的氛围以突出角色并使观众身临其境。下一次，试着设计各种不同的角色，使每个角色都具有强烈的个性或情感，并创造一个和他们情绪相匹配的背景。思考一下：如果一个角色处于害怕、悲伤或恋爱的氛围中，可以使用什么颜色来传达他们的情绪呢？

效果图 © 艾夫琳·斯托卡特

下图：下雨天

奇幻景观

塞缪尔·英基莱宁

本项目将指导你如何使用数字绘画绘制一个奇幻的沙漠景观，有陡峭的悬崖壁和一只巨大的、平缓漂浮的水母。它将带你从头到尾完成整个绘图过程，教你如何从小处开始，然后逐渐增加规模和复杂度，以防止你感觉到项目太过困难。

本项目将从搜索参考图片和创建快速学习草图开始，使你有一个热身和熟悉主题的过程。在缩略图阶段，你可以学到将颜色从构图和亮度值中分离开，使事情尽可能简单。在尝试了不同的配色方案并优化了缩略图草图后，你将以更好的方向感深入实际绘画过程中，并以颜色草图作为指导。

本项目还将介绍如何创建自定义画笔以补充绘画的方式。它将教你如何修正错误，并根据自己的喜好调整作品。最后，使用一些后期技术和调整工具可以把作品推向更高的水平。

第208页

学习如何：

▶ 使用剪辑蒙版。

▶ 使用阿尔法锁定。

▶ 使用图层混合模式。

▶ 创建自定义画笔。

▶ 使用各种调整工具。

01

在互联网上搜索，找出与绘画主题相关的大量图片。这是启发创造性思维的好方法，注意不要只寻找参考图片，也可以寻找你希望出现在奇幻景观中的陆地类型的信息。通过了解它们自然形成的原因，将这些知识应用到作品中，可以增加一些额外的细节和现实主义感。当创建初步草图时，尝试使用技术铅笔或HB铅笔来实现手绘效果。

▲ 从做笔记开始，根据网上找到的图片创建参考草图

02

绘制缩略图。首先，创建一个矩形画布作为基础。为背景、中间的地面、水母和前景添加新图层，尝试绘制理想中陆地的形状。将每一个添加的新图层都设置为剪辑蒙版，以保持一切内容都在框架内。使用阿尔法锁定在较大的基础形状内部添加较小的形状作为细节。添加较小的形状和更多对比度来创建一个清晰的焦点。

继续探索自己喜欢的设计方案，并混合和匹配元素以创建新的缩略图。应当保持事物简单，不要沉迷于放大和添加太多细节，因为你只会选择这些缩略图中的一个。

▶ 用小且简易的缩略图对构图和亮度值进行构思

项目流程

03

选择你觉得最有趣的缩略图，并且保证它们在缩小的状态下也能够被看清。接下来，开始尝试不同的颜色。将【缩略图】图层复制几次，并且在【调整】→【颜色平衡】和【色相、饱和度、亮度】滤镜中添加颜色。如果对调整滤镜后的效果不满意，也不要害怕重新绘制缩略图的部分。使用软画笔添加一些大范围的渐变效果，并在水母周围绘制淡淡的发光效果，然后使用硬画笔为景观赋予更大的清晰度和更多的细节。

▶ 使用【颜色平衡】和【色相、饱和度、亮度】调整滤镜来试验不同的配色方案

04

开始优化选择的颜色缩略图。使用硬画笔在一个新图层上绘制，将较大的颜色区域分成较小的形状并擦除多余的部分。使用吸管工具选择天空中最亮的颜色，然后使用选择的颜色划过天空以创建简单的条状的云。在这一点上，考虑这幅作品的故事性及如何更好地将它表达出来是一个好主意。在前景中添加一个披着斗篷的角色的形状，并沿着图片中间较低处绘制一些微弱的光点，就像地上冒出的小水母。此缩略图将被用作绘制最终效果图的参考图片。

▼ 开始完善选择的颜色缩略图并添加更多的细节和复杂性

奇幻景观

05

创建一个较大的画布并将【缩略图】图层从缩略文件中添加到新画布中。在使用一个手指拖曳图层的同时使用另一个手指打开新的文件，并将【缩略图】图层拖放到该文件的图层层级中。要获得一个整洁的外观，可使用缩略图作为参考，重新绘制干净的形状。创建最终效果图的另一种方法是清理和细化缩略图。与缩略图阶段的快速、自发的试验相反，此阶段的工作要求更加小心。使用吸管工具从缩略图中选取颜色，并使用软画笔给天空添加渐变效果。

▲ 使用缩略图作为参考，从绘制天空的渐变效果开始

06

使用边缘锐利的画笔，如 Opaque Oil，在不同的图层上为前景、中间地面、背景和水母创建基础形状。将这些图层分开意味着在之后不必担心边缘的控制。可以使用基础图层进行快速选择、使用阿尔法锁定将图层锁定并将它们用作基础的剪辑蒙版。

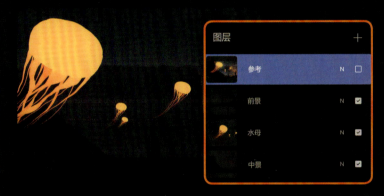

▲ 使用锋利的画笔为画中的主要物体创建清晰的剪影

07

使用阿尔法锁定，并为所有不同的物体添加固有色。由于后面需要添加高光和阴影，因此不要将颜色设置得太暗或太亮。由于空气中含有灰尘颗粒和湿气，将会阻挡远距离的视觉效果，因此需要确保距离最远的物体具有最小的对比度和饱和度。这就是所谓的大气透视。保持基础色偏深且暗淡，可以使饱和度高且发着光的水母更加突出。

▲ 通过添加局部区域的颜色来区分不同的材质

111

08

在基础形状图层的顶部创建一个新图层,然后选择【剪辑蒙版】命令。在【剪辑蒙版】图层中添加悬崖的侧面、前景中岩石的顶部平面,以及光线会照到的任何主要的区域。

▼ 使用剪辑蒙版确定光照区的主要区域

09

若要将悬崖融入作品中并优化其形状,则可以对【剪辑蒙版】图层启用阿尔法锁定功能,使用软画笔绘制从落日的颜色渐变到下面图层的颜色。选择阳光的方向并牢记在心,以确保画面中的光线一致。

通过选择明暗之间的过渡色并增加其饱和度来添加一些光晕的效果。在过渡区域使用软画笔轻轻地绘制一些高饱和度的颜色,但要保持一种微妙的效果。

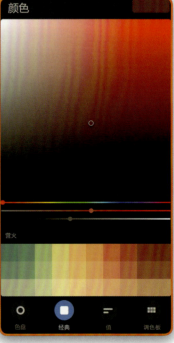

▲ 使用阿尔法锁定来锁定光照面以添加颜色渐变效果

10

如果有些颜色不是很明显，则使用选区工具选择想要调整的颜色，然后选择【调整】→【色相、饱和度、亮度】命令以更改颜色。这样绘制清晰的形状和简单的颜色区域非常有用，因为可以进行简单、快速的选择。

另一种调整颜色的方法是使用各种图层混合模式。试验不同的图层混合模式以查看它们产生的效果。最有用的是【正片叠底】、【添加】、【颜色减淡】、【覆盖】、【柔光】和【颜色】模式。使用软画笔在【背景】图层中绘制一些雾，在【前景】图层中添加一个披着红色斗篷、坐在原木上的角色，并添加一个椭圆形作为火堆的底部。

◀ 使用不同的调整滤镜来修复错误和统一颜色

11

如果对物体的形状不满意，则使用液化工具可以帮你修正微小的错误而不用重新绘制整个区域。选择【液化】→【推】命令，移动作品周围的区域，试验不同的工具和设置以查看它们可以创建什么样的效果。在中间道路上添加一条路，使用【元素】→【火】画笔，并选择深色且饱和度高的橙色来创建一个篝火。在一个新图层上，使用软画笔在火焰周围和阳光照射出最后一缕光芒的中间地面上添加温暖的光芒。使用擦除工具和硬画笔创建阴影。

▼ 使用液化工具修改不满意的形状

12

在悬崖壁上添加深色的裂缝，使得阴影的那一面更加清晰。控制亮度值，尽量避免使用纯黑色。通过捏合图层将不必要的图层合并在一起，以加快工作流程。在中间地面添加小灌木，以增加规模感。将它们绘制得小一点，并以水平的簇状点缀，使它们越来越小。

艺术家提示

我们很容易对自己所犯的错误视而不见。尝试使用【操作】→【画布】→【翻转画布】选项获得一个全新的视角。如果第一次没有得到正确的形状和颜色，也不要灰心。绘画是一个反复迭代的过程，而在这个过程中一定会犯错误。所以不要着急，可以让眼睛离开屏幕，休息一下。

▸ 在中间地面添加小灌木，在悬崖的阴影侧面添加深色的裂缝

13

开始定义更多受光面，并使用一个被设置为【覆盖】模式的图层，选择高饱和度的橙色来温暖和照亮被光照射到的悬崖部分。若要确定受彩色灯光（如篝火中的火焰）影响的对象的颜色，则选择光源的颜色，然后在受光源影响的表面上轻轻地绘制该颜色。使用通过笔压力控制画笔不透明度的画笔，如软画笔对最终的混合效果进行颜色拾取，这就是该特定表面上的光的颜色。

▾ 定义不同光源的受光面，如篝火旁的岩石

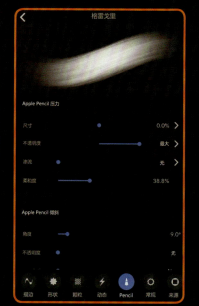

14

要增加比例和距离感，可使用软气笔在图层之间轻轻地画一些雾。这将使背景变亮并模拟大气透视效果，可增加图层之间亮度值的差，同时使得图像更具可读性。也可以对被设置为【覆盖】或【正片叠底】模式的图层使用冷蓝色调来加深阴影，从而使温暖的光线更加突出。选择涂抹工具，使用带有硬边缘的圆画笔将雾塑造成更有趣的形状。圆画笔的硬边缘可以创建锐利的边缘，与软气笔自然柔和的边缘形成不错的视觉对比。

◀ 通过在图层之间绘制迷雾来创建更多的对比并增加氛围感

15

使用硬边缘画笔，通过设计和添加有趣的云层形状来丰富构图。使用涂抹工具将边缘混合在一起，通过创建一缕一缕的形状以产生更像云层的外观。不要忘记云层是构图中最关键的部分，它提供了一个难得的机会来设计一些非常图形化的形状。很少有其他自然元素可以采用这么多不同且有趣的形式。硬边缘画笔的使用可以使你更专注形状的设计，并使云层尽可能有趣。

▲ 使用硬边缘画笔添加云层并使用涂抹工具柔化其中一部分

16

为前景中的岩石添加更多面和高光,思考环境天光和篝火的光如何影响它们。在篝火旁边的地面上添加一个小背包,在前景中添加一块陆地,并和水母的触角形成重叠,以增加比例感。复制【水母】图层,并为新复制的图层应用35%的高斯模糊,从而为水母创建一个光晕效果。更改图层的混合模式为【变亮】并将其不透明度降低为60%。再次复制【水母】图层,对新复制的图层应用大约50%的高斯模糊并将不透明度设置为45%,然后将这两个新创建的图层拖动到原图层下方。

◀ 为水母添加更多的细节,使其散发出温暖的光芒

17

在前景中添加一些树叶。你可以手动绘画,也可以为此创建一个新的画笔来节省时间。创建一个1000px×1000px的画布。使用选区的矩形选择工具创建一个灌木树叶并将它填充为黑色。复制该树叶并使用变换工具创建其余部分。将图层捏合到一起以合并所有树叶的图层。使用软擦除工具,从底部擦除少量树叶,使灌木和作品混合。将图像另存为JPEG格式。

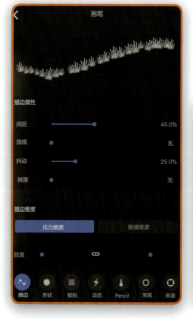

▲ 使用灌木树叶的形状创建一个简单的画笔

18

点击【画笔库】菜单中的+图标以添加新画笔。从专业图库中的颗粒资源中添加空白颗粒。在【描边】选项卡中，将【间距】设置为45%，将【抖动】设置为25%。在【形状】选项卡中，将【散布】设置为10%以增加画笔方向的随机性。无须设置【颗粒】选项卡，因为该笔刷不需要任何纹理。在【动态】选项卡的【尺寸动态】选项组中将【抖动】设置为45%，以创建更多大小不均匀的笔刷。最后，在【Pencil】选项卡中将压力尺寸设置为35%以获得对画笔尺寸的控制。

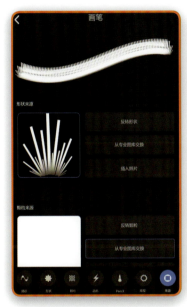
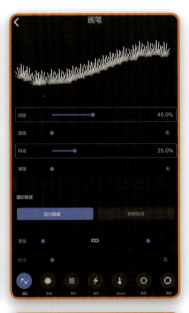
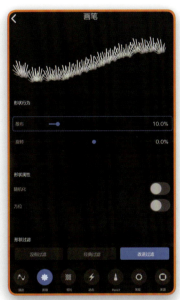

▶ 调整不同的画笔设置以创建所需的效果

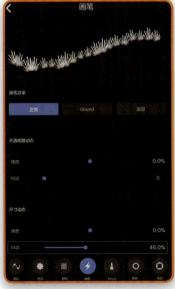
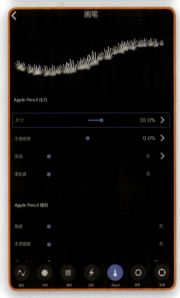

19

使用新的灌木树叶画笔,在前景周围点缀一簇灌木丛。从最远处的图层开始,将颜色调亮并在顶部绘制第二层。再次改变颜色,并绘制第三层以获得景深上的错觉。在灌木丛后面添加一个新的图层,在灌木丛绘制一些被照亮的灌木树叶以模仿最大的水母从后面照到树叶的效果。使用浅色在周围的花丛中进行一些点缀,从而在树叶上创建一些变化,并添加一些死树或一些干树枝的形状。

▲ 使用新的树叶画笔创建多层树叶

20

继续调整颜色并围绕焦点定义更多细节。使用斑点画笔绘制从地面上出现的水母宝宝。在这个阶段,你可以停止使用单独的图层,将所有图层合并到一起以减少在它们之间切换所花费的时间。如果你觉得合并所有图层不太合适,则只需要复制文件以确保有备份,从而防止出现问题。使用相同的复制和模糊图层的操作,为水母宝宝添加光晕。此外,在巨型水母的前景对象上添加一个边缘光,但不要过度。

▲ 合并图层并放大以确定更多细节

艺术家提示

图像需要进行"大变革"的阶段已经结束。一旦有了坚实的基础且图像可以作为整体使用,就可以开始处理细节了。你可以播放一些音乐,然后继续绘画,因为这是绘画过程中最缓慢且可能是最无聊的部分,但需要注意不要急于求成。

21

使用软画笔,并充分利用图层混合模式。使用【覆盖】模式调整亮度值和颜色,使用【颜色减淡】模式为光源添加视觉冲击力,使用【正片叠底】模式加深暗部区域,并使用【柔光】模式对颜色进行细微的调整。继续细化过程并修正任何错误。添加更多的小水母和篝火的烟雾,形成细腻的云雾状并捕捉大水母发出的光。将细节工作集中在靠近焦点的地方,将不太重要的部分留得更粗糙一些,以便更加突出重点。一旦没有什么要补充的,就休息一两天,再回来做最终的效果绘制。

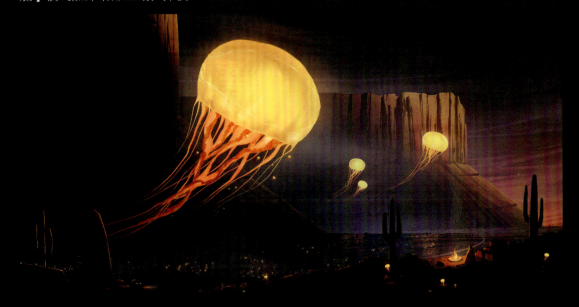

▲ 使用图层混合模式完善图像的颜色和对比度

22

将所有图层合并到一起,进行最后的润色。使用【调整】→【锐化】命令创建更清晰的边缘。提示:如果对复制的图层执行此操作,则可以擦除不希望受影响的部分。通过创建新图层并填充中等灰色来添加一些纹理。在【覆盖】模式上使用100%的杂色滤镜,并将其不透明度降低到20%左右。使用【色相】、【饱和度】和【亮度】滑块将图层的饱和度降低为0,创建一个微妙的单色纹理效果。在完成后,可以导出和分享图像(见第18页)。

▲ 为绘画添加杂色和锐化滤镜,进行最后的润色

项目流程

效果图© 塞缪尔·英基莱宁

效果图

该作品讲述了一个神秘的奇幻景观的故事。温暖而朦胧的色调与超自然的氛围相得益彰。

首先绘制粗略的草图可以防止你迷失方向,这可能会在使用更自然的方法时发生。此过程的大部分时间都用于尝试使用观众所熟悉的视觉线索来创建精确的比例感。如果没有这些视觉线索,则漂浮的水母在靠近镜头的地方看起来就像正常大小的水母一样。

下图：幻景

上图：瞭望塔

幻想生物

尼古拉斯·科尔

本项目将按步骤地指导你如何在Procreate中创建一个幻想生物。在开始工作时，根据上下文和提示进行初步探索。例如，如果需要为一个电子游戏创造一个幻想生物，你可能会问一些关于游戏玩法的问题：角色将在哪里使用？他们需要执行哪些功能？是否存在可能影响设计的传说？

从罗列你最喜欢的动物名单开始，思考可以从每种动物身上借鉴什么特征来创造生物。生活在海底的生物可以为我们提供极棒的关于外星人的灵感，因为适合水下环境的需求和设计与我们自身的需求和设计完全不同。例如，将海狮的一部分、虎鲸的一部分、美西螈的一部分和史前邓氏鱼的牙齿等混合，可以创造出什么样的幻想生物？

第208页

学习如何：

▶ 为动态形状优化和调整草图。

▶ 使用纹理画笔绘制并倾斜相应内容。

▶ 策略性地设置图层以支持一个强大的最终效果图。

▶ 使用图层蒙版创建一个灵活、可调整的设计。

▶ 创建复杂的阴影，改变其色相和亮度值，以创建体积感。

01

先绘制一些草图。如果刚开始工作的细节太多或控制得太早，则可能会觉得工作进展很缓慢。选择【塔拉的椭圆形素描NK画笔】选项，并将其设置为中等或较大的画笔尺寸，以避免对细节的刻画。关于如何下载塔拉的椭圆形素描NK画笔的详细信息可以在第208页找到。寻找你喜欢的形状，并从大自然中汲取灵感。想想吸引你的动物有什么独特的身体特征，或者你很少在角色设计中看到哪些特征。看看能否使用不同的方式将它们整合到草图中。

▲ 创建一系列草图——需要进行一些尝试才会找到喜欢的设计

02

如果你发现草图的某一部分设计得特别好（步骤01是头部），则复制该图层并使用每个版本来尝试新的姿势或身体构成。强调探索精神——如果感觉对身体结构过于熟悉，则可以借助一些幻想生物为设计引入一些新的、意想不到的解剖结构。在绘制草图时，应当使用大胆、简单的形状，而不过多地占用不必要的细节。带有细节的流线型设计更容易让观众理解，你可以利用这种清晰性将观众的注意力吸引到你希望他们关注的区域。

▲ 使用首选的头部设计来尝试不同的身体和姿势

03

当开始绘制时,草图可以帮助你快速地进入工作状态而不会丧失热情,并且开始绘制细节而不是探索新想法。加快绘制进程的一种方法是使用液化工具。如果一个设计方案看起来不稳定且不均匀,或者你想要快速地将一条复杂的线放到形状中而不需要多次重新绘制,则可以使用【调整】→【液化】命令。它有很多有用的模式可以尝试。【推】模式允许用户在提交设计方案之前调整草图以尝试新的形状。

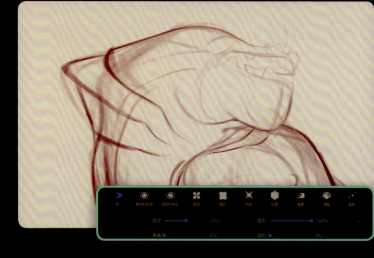

▲ 使用液化工具中的【推】工具对草图进行调整的一个极端的例子

04

一旦使用涂鸦和液化的方式获得了一个体格强壮、姿势优美的草图,就将图层的不透明度降低,使它仍然可见,但并不显眼。接下来,在它上面创建一个新图层,使用该图层覆盖下面的草图以绘制更清晰、更详细的线稿。在此阶段可以开始深入设计,确定具体的细节,如指甲和皱纹。

▲ 整理后的线稿,其下方的草图隐约可见——调整了手臂和尾巴使得头部成为重心

幻想生物

05

在准备绘制颜色之前，翻转画布。这可以使你从一个新的角度观察画面，并在全神贯注地投入绘画前检查不足之处。若要翻转画布，则选择【操作】→【画布】→【水平翻转画布】选项。在检查时，发现眼睛不对称或四肢视角不均匀的问题是很常见的。虽然这样可能会很痛苦，但最好养成在刚开始绘画就经常翻转画布的习惯。这样你就可以重新修正错误或使用液化工具将它们推回到正确的位置，然后将画布翻转回去即可。

▲ 翻转画布后发现腮和嘴巴的比例有些不对称，然后对它们进行了微调

06

现在可以使用新的、整洁的草图作为绘画的参考。要进行此设置，可将图层的混合模式设置为【正片叠底】以使其呈半透明状态，然后稍微降低它的不透明度。在线稿下方创建一个新图层，并将其作为给角色上色的基础图层。从选择一个强烈的中间色开始。

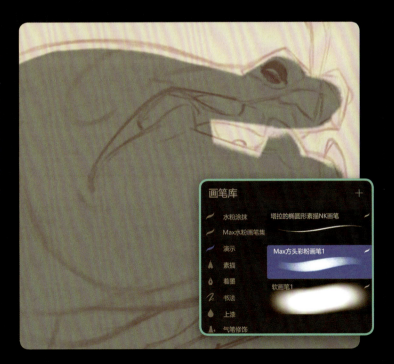

▲ 使用Max方头彩粉画笔绘制大块颜色以快速覆盖地面

07

在这个新的空白图层上，使用中间色填充角色的剪影。使用Max方头彩粉画笔开始绘制，因为它的宽笔刷可以快速覆盖较大的形状。有关如何下载Max方头彩粉画笔的详细信息，见第208页。切换回塔拉的椭圆形素描NK画笔，以确保边缘美观、干净。这可能需要花费一些时间，所以要有耐心。如果把边缘处理得干净且整齐，则之后的事情会变得容易得多。

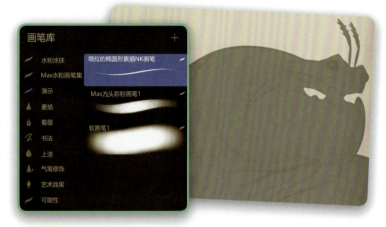

▲ 创建一个清晰的剪影，或尝试松散的、有纹理的形状，以获得一个具有更随意的风格的形状

08

此时创建的剪影可以被用作蒙版，可以使每一个新的颜色被添加在角色设计的线条之内。首先，将基础颜色变为生物下腹部的浅色调。为此，选择【调整】→【色相、饱和度、亮度】命令并调整滑块，将基础颜色调整为中等肤色。接下来，在一个单独的图层上使用蒙版形状为背部添加深色。

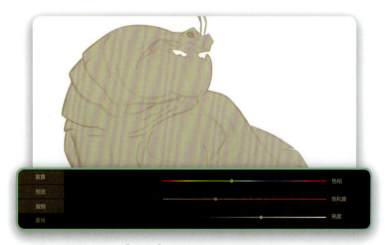

▲ 随时调整颜色是在【蒙版】图层中工作的主要好处之一。在此过程中，一切都可以被改变

09

打开【图层】弹出窗口，接着点击选区。剪影周围会出现微弱的斜线，表示基础图层上的形状已经被选中。在选区被激活后，创建一个新的图层，并点击新图层以调用额外的图层命令菜单，然后选择【蒙版】命令。

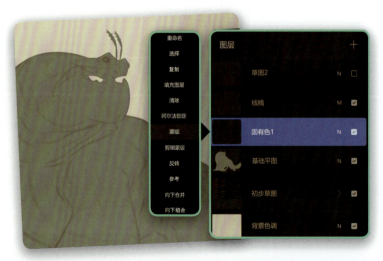

▲ 如果初次使用蒙版功能，则最好在尝试对大面积进行操作之前先试验一下

幻想生物

10

一个黑白的图层蒙版将出现在【图层】弹出窗口中的新图层上方，显示由黑色包围着的白色角色剪影。将该图层复制多次（与蒙版配对），这些新复制的图层将成为生物的颜色图层。蒙版的功能是将每一种颜色添加在设计的线条之内，同时可以灵活地将每一种颜色保持在其单独的、可调整的图层上。这些图层蒙版也可以被单独编辑。

艺术家提示

如果不习惯使用蒙版和图层，则应用起来可能会很复杂。这时需要对自己有耐心。如果你可以花时间学习基础知识，则蒙版会是一个功能强大且用途广泛的工具。当客户突然想要将某样东西从蓝色修改为红色时，蒙版所提供的灵活性将会派上用场。

▶ 使用蒙版复制4~5个空白图层，以便之后填充颜色；保留一个空白图层，以便在需要时复制它

11

使用软气笔将第一个颜色绘制到蒙版图层，并确保不要选择和绘制到蒙版本身。使用红色绘制生物背后的大色块，注意红色永远不会偏离设计的清晰剪影。蒙版功能允许用户在这些范围之内自由绘制。使用色相、饱和度和亮度滑块调整红色，降低饱和度和亮度的值以创建木炭色。注意，应当使基础的【下腹部】图层不受影响，只有红色发生变化。

▲ 此处的红色是任意的，有助于演示如何在之后调整颜色

129

12

使用相同的技术,从步骤10中复制的一组图层蒙版中选择一个新图层。一般来说,固有色的区域可以被分成单独的图层。固有色属于一个术语,用来表示没有受任何光或阴影影响的物体的真实颜色。头发和皮肤的颜色不同,衬衫和头发的颜色也不同,因此需要把它们分成不同的图层。如果想在之后不改变周围颜色的情况下更改单个对象的颜色,则此图层结构将非常有用。使用浅灰色在生物背部的图层蒙版上绘制虎鲸图案。

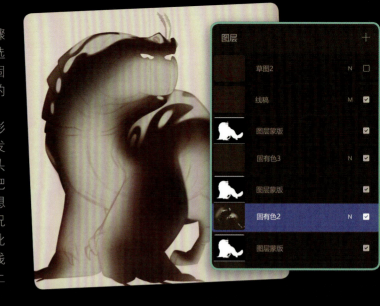

▲ 使用的纹理和图案越多,之后整个形状的光影效果就越有趣

13

继续以相同的方式操作,使用新的图层蒙版绘制眼睛、头发、指甲、衣服的层次,或者任何需要与其他设计有所不同的颜色。在这一步骤中,使用图层蒙版和塔拉的椭圆形素描NK画笔绘制眼睛、在背部和尾部上垂下的蓝绿色的鳍,以及生物嘴里发光的绿松石色。

▶ 线稿可以作为后续上色和深入绘制的参考,精确的线条会带来更好的效果

14

每个【固有色】图层都可以从单一的平面颜色开始,但有些区域需要增加颜色的复杂性。若要在已经绘制的形状中创建辉光或渐变效果,则在该图层上使用阿尔法锁定。棋盘格图案将会填充小图层的预览图像,这表示该图层的像素现在已经被锁定,且任何新绘制到该图层中的内容都将被保留在已经绘制的像素范围内。

▶ 注意【缩略图】图层上的棋盘格图案,经常检查像素是否被锁定

15

在锁定像素后,从【颜色】弹出窗口中选择一种新颜色,然后使用画笔尺寸被调小的软气笔开始绘制。在生物的嘴里画上更亮的绿松石色,表示光来自它的身体深处。当使用阿尔法锁定将图层的像素锁定时,明亮的颜色不会超出已绘制的嘴部的形状。

▲ 使用阿尔法锁定在已经画好的形状内创建辉光和渐变效果

16

　　设置所有的固有色，调整它们，以及增加复杂性都需要花费一段时间，因此，如果你不介意被轻微分散注意力，则可以找一个好的博客或者有声读物来听。如果固有色是以较好的形状存在，那么你会发现接下来的过程会更加顺利，这是一个值得进行整理和深入的工作。记住偶尔关闭【草图】图层，以检查在没有线条的情况下，设计是否清晰。

▲ 在这个阶段，形状和颜色应该比较明确，不用表现出全部故事。在其余部分进行刻画和体现

17

　　一旦设置了固有色，就可以绘制光和阴影的形状了。在【固有色】图层之上，但仍在【草图】图层（仍在整个过程中起指导作用）之下，创建一个新图层并将其混合模式设置为【正片叠底】。向下滑动到开始绘制颜色的基础图层，点击该图层，然后点击选区按钮，当选区激活时，返回【正片叠底】图层，点击该图层，然后选择【蒙版】命令。

▶ 此图层蒙版将承载绘制的大部分内容。可尝试将阴影分为多个层次以获得更大的复杂度

18

【正片叠底】图层将会作为设计图的主要阴影图层。由于【正片叠底】图层上的像素是半透明的,所以在该图层中绘制的所有内容都将以半透明的形式被叠加在下方的【固有色】图层中。选择一种浅蓝色(或尝试各种阴影色调)开始绘制阴影集中的地方。考虑光源的方向,生物在空间中的形态,以及光源的亮度或暗度。

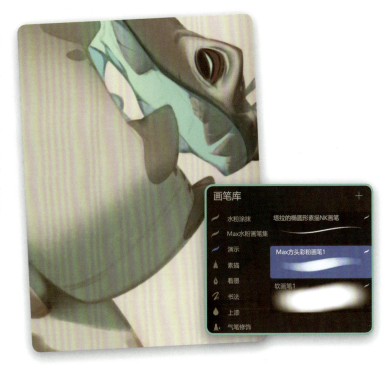

▲ 绘制阴影时考虑边缘的柔软性和清晰度(柔边缘意味着圆润的形状,而硬边缘意味着硬的折痕)

19

这种分层方法的一个主要优点是,不必改变下方的颜色图层即可绘制阴影,这意味着可以无所畏惧地进行添加、涂抹和擦除阴影的操作。使用Max方头彩粉画笔绘制柔和阴影的大面积纹理,同时使用塔拉的椭圆形素描NK画笔绘制更紧密的褶皱和精确的扭转形状,将涂抹工具设置为最大着色器粉彩画笔,谨慎使用该工具来柔化硬阴影。

▲ 在形状急剧变化处绘制混合清晰的边缘,在体积圆润处绘制柔和渐变效果

20

与【固有色】图层一样，刚开始使用单色绘制【阴影】图层，关注形状和阴影的效果，然后添加颜色和复杂性。要给阴影添加颜色，可锁定该图层上的像素，然后使用软气笔在区域中轻轻地绘制阴影颜色。在希望血液流动的地方，轻柔地涂抹红色和金色。在冷光反射的地方涂抹明亮的蓝色和蓝绿色。使用深蓝色和紫色画出较深的褶皱和凹坑。

▲ 这是关闭所有局部颜色图层和基础图层的【阴影】图层（注意颜色和亮度的变化）

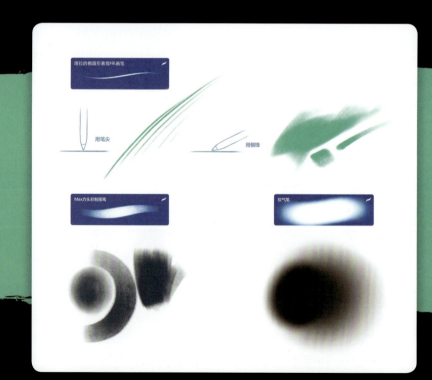

艺术家提示

掌握软、硬边缘需要练习。当使用触控笔的笔尖绘画时，使用塔拉的椭圆形素描NK画笔画出的线条边缘清晰。尝试倾斜触控笔以产生更柔和的边缘。将其与Max方头彩粉画笔和软气笔混合使用，以获得各种各样的边缘效果。

幻想生物

21

在这种方法中，阴影决定了灯光的形状（类似于大多数水彩技法）。需要注意的是，高光或发光效果的位置有助于让形状更清晰。要进行此设置，可创建一个新的图层并将其命名为【覆盖】。接下来，使用软气笔并将其笔刷尺寸调大，选择较亮的颜色，轻轻地在新图层上生物的发光区域上绘制。但是需要谨慎使用，因为过度使用会使得画面效果适得其反。

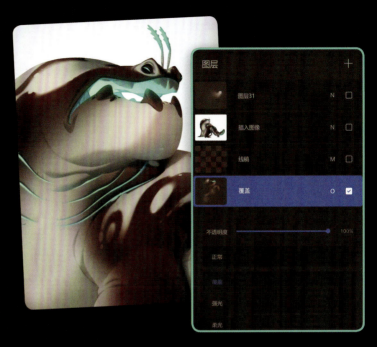

▶ 这里的效果很微妙，但是嘴部和颈部降起处的发光效果增加了光线的可信度

22

最后，创建一个新图层，并将其混合模式设置为【正常】。使用此图层在整个图片的顶部进行不透明度调整。创建脊柱的光线、特殊的高光或发光的标记等在解剖结构的区域中尚未清晰呈现的小细节。根据你的喜好和所花费的时间，可以花费很长时间在顶部绘制。而你在下方所创建的固有色、光线和阴影等基本图层将为成功奠定基础。

▶ 少量添加，如牙齿上的高光、眼睛的瞳孔和下巴处的一些光线

135

项目流程

23

背景可以帮助提供情境和表现规模感。少就是多，因此应当注意不要添加太多的对比或高频细节，这会让你的生物设计失去焦点。超凡脱俗的雪原很适合这种生物，因为它的灵感来自寒冷地区的动物。保持角色背后的高亮度值和低对比度，以确保角色能够跳出画面。根据它们与角色的距离来逐渐模糊【背景】图层，以产生一种浅景深的感觉，这也有助于凝聚焦点。投射的阴影、柔和的雾和雪花都有助于为设计奠定基础，并且它们具有足够的视觉吸引力但不会分散对怪物的注意力。在效果图制作完成后，就可以将其导出了（见第18页）。

◀ 背景用于将生物设置在其环境中，可增强而不会分散注意力

效果图

在完成本项目后，你将有一个庞大且灵活的【幻想生物】图层文件，并可以根据需要进行调整。最后，你会对Procreate中的蒙版和图层混合模式系统更加满意。下一次，尝试调整各个蒙版，看看可以实现什么样的细微差别；尝试使用粗糙的纹理基础，或者将多个阴影图层叠加在一起。对于蒙版，我们一开始可能很难理解，但一旦掌握了它，就会有很大的空间去拓展和进行复杂的专业级工作。

效果图 © 尼古拉斯·科尔

上图：杰克对邓肯——水母机器人

传统媒体

马克斯·乌利奇尼

艺术家们经常被教导要专注于设计和技巧，但考虑角色动机和故事情节也很重要。角色应该有自己内心的独白和渴望。本项目将教你如何创建一个有趣、怀旧的场景：一个男孩放学后，在温暖的傍晚阳光下听他哥哥的唱片，而他实际上应该做作业或者打扫凌乱的房间。这张照片还包含一些很好的故事细节，比如，他的猫和偶像海报。

本项目将涵盖基础的画笔技巧，以及创建一个新的水粉画笔。你将学习如何在Procreate中以一种富有表现力的方式来绘画，以增强主题的趣味性，并结合技术的模拟效果和数字绘画的灵活性来创建一个看起来丰富、温暖且类似传统绘画的图像，同时感受Procreate的优势。

此外，本项目将会指导你使用Procreate的绘图指引完成一些复杂的透视技巧，这使得场景构建比数字绘画中的任何阶段都更容易。

第208页

学习如何：

▶ 创建缩略图。

▶ 使用曲线、颜色平衡、色相和饱和度来控制颜色。

▶ 使用绘图指引和绘图辅助创建透视效果来构建场景，使用速创形状构建几何形状。

▶ 创建自定义画笔。

▶ 使用传统风格处理数字绘画。

传统媒体

01

　　这种复杂的作品需要使用缩略图,因此从制作框架开始绘制。要模仿艺术作品的比例,可使用速创形状从一个角到另一个角绘制直线,并创建一个×形状作为参考(见第36页)。接下来,使用【操作】→【画布】→【绘图指引】选项创建画框。开启【绘图指引】选项并点击下方的【编辑绘图指引】按钮。2D网格设置是最完美的。你可以通过点击图层并选择【绘图辅助】命令来启用绘图辅助功能。使用对角线作为参考为画框绘制垂直和水平线条,以使比例保持在一定的范围内。

▶ 使用速创形状和绘图指引来创建缩略图画框

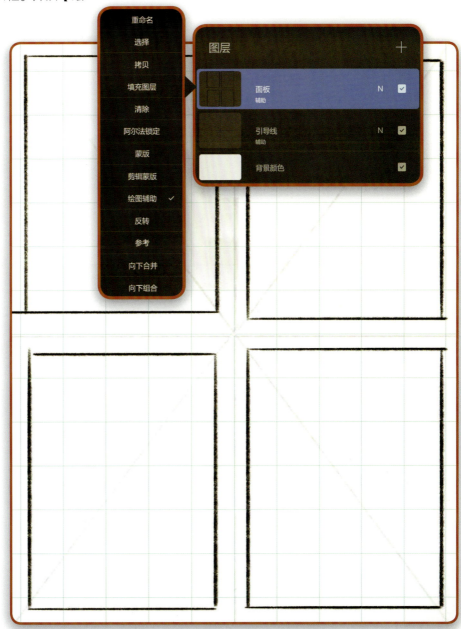

02

花费一些时间考虑一下构图和想要讲述的故事，然后在画框下方的新图层上，使用萨门托素描画笔绘制草图。如左上角的缩略图所示，这张图的构思源于一个男孩坐在地板上，并沉浸在音乐之中；然而，这样缺乏情感和故事性。若想要迭代第一个缩略图的构思，则复制该图层，然后使用变换工具将新图层移动至下一个画框中。画面中的男孩正在对着空气幻想弹吉他，这使得他更有趣，从而产生了一个想法——添加一只猫来扑打他的手指。

◀ 随着每一次的迭代，概念在进一步发展，姿势也在不断完善

03

创建颜色草图。首先，将最后一个缩略草图复制到所有画框中，并将这4个图层捏合在一起以平展为一张草图。点击缩略图，打开颜色选择器，将背景颜色改为灰色。

在新图层上，开始绘制房间中物体的固有色。在其上面的新图层上，将整个画框绘制成浅蓝色，并将图层的混合模式设置为【正片叠底】，使房间变暗。这就是此处需要做的所有事情，因为房间是黑暗且背光的，但是在大多数情况下，可以更有选择性地绘制阴影，如角色的下方或在物体上投射留下的阴影。

另外，可以使用浅色在角色和受影响的物体表面绘制窗户的光和轮廓光，也可以在单独的图层中处理。

▶ 创建多个图层以支持多种颜色的变化和灵活性

04

若要创建薄雾的效果,则使用橙色填充图层,点击该图层并添加一个蒙版,然后点击蒙版缩略图,并翻转蒙版以使其变黑。然后使用云纹理画笔在蒙版上轻柔地绘制白色,以将橙色显示出来。将橙色图层的混合模式设置为【滤色】。

若要使角色的脸和手看起来像是在薄雾的前面,则在薄雾图层的上方创建一个图层并创建剪辑蒙版。这使得对该图层所做的任何操作都只作用于被剪辑的图层上。由于【滤色】混合模式将黑色视为透明的,因此可以在要隐藏于薄雾中的脸部和手部区域绘制黑色。或者,可以直接在蒙版中绘制,如果之后需要调整,那么此方法提供了更多的灵活性。在一个单独的图层上添加明亮的窗户颜色,以提供独立于薄雾颜色的更好的颜色控制效果。

▶ 独立显示的薄雾没有固有色。注意剪辑图层的遮挡/剪影

05

将这些图层放在一个图层组里,然后复制该图层组,并研究它们在一天中的时间和不同的色盘下的变化。使用【调整】→【色相、饱和度、亮度】滤镜改变阴影和薄雾的颜色,使用宝丽来或8mm相机中可能看到的阴影找到一个能营造复古怀旧氛围的配色方案。如果感觉画框中的颜色比较单调,如右侧上方的4个画面所示,则将图层组平展,然后使用【调整】→【颜色平衡】滤镜进一步调整颜色,直到找到满意的颜色。

▲ 在选择右下角的画框之前,可能的颜色变化

艺术家提示

好的参照资源对于讲述故事至关重要。由于这件作品是以20世纪80年代为主题,因此重要的是确保每个物体和衣服在时间线上都是准确的,尤其是留声机。人脑擅长简化世界,但是并不擅长记住一个真正的20世纪70年代或80年代的手摇留声机的外观。将作品扎根于现实中,观众就会对它产生更深的共鸣。

06

现在开始完善草图。尽早建立透视将有助于处理角色,以确保他们更真实。点击【操作】→【画布】→【编辑绘图指引】按钮,然后将模式切换为【透视】。缩小画布并在地平面的高度轻点画布的一侧,再次点击以在画布上建立第二个消失点。这是一个翻转画布的好时机,点击【选区】→【水平翻转画布】按钮,以检查是否遗漏了任何奇怪的变形。

▲ 使用绘图指引设置两个透视点

07

在一个新图层上，开始在透视图中构建场景，绘图辅助将会引导线条至消失点，而不需要标尺。使用速创形状绘制圆形唱片或扬声器，方法是绘制一个圆形并按住触控笔直到它捕捉到一个干净的形状（见第36页）。继续将触控笔放在画布上，用另一只手的手指触摸画布，在需要的地方将其捕捉为一个完美的圆形。

 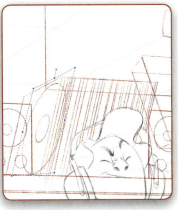

▲ 使用速创形状绘制唱片，然后将其变换为透视效果

08

对于扬声机和唱片封面，你会发现将它们平展后使用变换工具变换为透视效果会更容易。按住角点可扭曲唱片的一角，对扬声器执行同样的操作，使它们形状相同。一旦调整好地面上的唱片，就可以使用手绘选区工具进行选区操作，并在画布上用3个手指向下滑动以打开复制粘贴菜单。然后通过快速变换将唱片移至适当的位置。

▶ 完成的线稿图

项目流程

09

在开始绘制之前，你可能希望为该作品创建一个自定义画笔。若要创建新画笔，则点击【画笔库】菜单上的+图标。这将为新画笔打开一个空白选项卡，可以在其中添加画笔笔尖的形状来源和纸张纹理的颗粒来源，如在本案例中添加的鬃毛纹理，这将会在后面的步骤中进行解释。在每一种情况下，点击【从专业图库交换】按钮以使用Procreate中现有画笔的形状和纹理。内置资源非常适合创建各种各样的效果。同时可以点击【插入照片】按钮并选择形状，打开文件浏览器以加载自定义的图像。

▲ 画笔创建菜单可以编辑形状来源和颗粒来源

艺术家提示

画笔创作是一个庞大的话题。使用书里介绍的基础知识，可以做很多事情，但是最简单、有效的学习方法就是继续试验。在创建一个特定画笔的过程中，你可能会发现在这个过程中意外地创建了许多其他画笔。如果它们看起来很有趣，就分别试验它们，并加以开发，即使它们并不是你最初想要创造的画笔。在画笔上向左滑动以复制它，并调整设置参数，直到创建出所需的效果。

10

一个通用的设置是【颗粒】→【颗粒行为】→【移动】。在默认100%滚动的设置下，可以创建铅笔在纸纹理上的效果。将滑块向左滑动时，它将沿着笔画向外拉伸纹理，从而创建鬃毛所需的较长条纹纹理。在此面板中，比例决定了颗粒的大小，而缩放决定了画笔尺寸的倍增值。缩放的最低级别是裁剪，这意味着颗粒大小和画笔尺寸无关，就像你可能想要使用的铅笔一样。缩放的最高级别是跟进尺寸，它将保持与画笔尺寸相关的颗粒大小，使其更像画笔的鬃毛纹理。在这两个极端级别之间，可以使用滑块为纹理选择更细微的缩放级别。

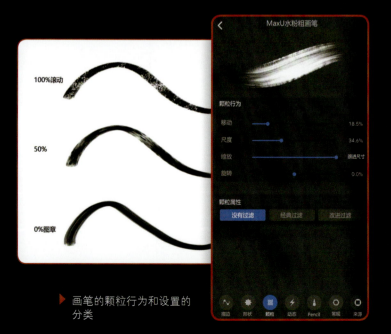

▶ 画笔的颗粒行为和设置的分类

11

现在查看【Pencil】→【Apple Pencil压力】选项组。【尺寸】选项控制着用力按压和增大画笔的粗细操作。这在画笔和自来水笔中最为明显。【不透明度】选项控制着标记的透明度,就像使用喷枪一样。【渗流】选项就像一个高对比度的【不透明度】选项,它忽略了很细微的压力,可以留下更大胆、更具质感的痕迹。这些选项可以完美打造强大的干画笔效果。对于更多详细信息,可以参考为本项目创建的MaxU水粉粗画笔中的设置。

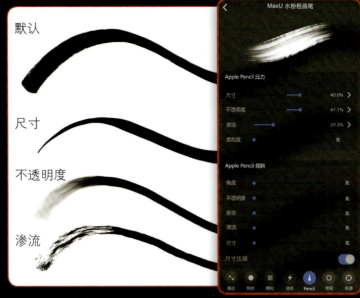

▲ 压力对画笔的影响和MaxU水粉粗画笔的设置

12

使用类似于铅笔的画笔仔细地勾勒图像后,现在该放松一下并开始绘画了。整洁的绘图为更具表现力的绘画风格奠定了良好的基础。如果到目前为止还没有确定好形状,则很容易在绘画阶段迷失方向。有了扎实的绘图基础,并且颜色已经基本上确定了,就可以开始更直观的工作。使用【复制并粘贴】选项从其他文件中导入颜色参考。

▲ 完成的线稿图与导入的彩色缩略图

147

13

　　画布调色是一种常见的传统技巧。先铺上橙色中间色调的底色以尽早营造出温暖、辉光的感觉。这样就可以随意且清晰地绘制而不用仔细遮盖白色背景。一个好的纹理可以使画布显得通透。使用MaxU水粉鬃毛画笔进行绘制。

▶ 使用MaxU水粉鬃毛画笔的纹理作为传统风格的打底

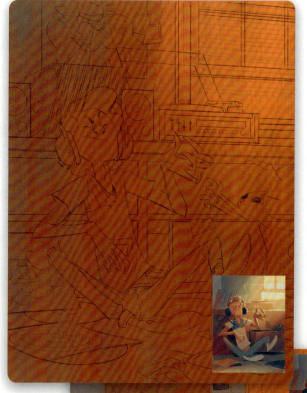

14

　　铺上一些大致的中间色调,并使用吸管工具从颜色缩略图中吸取颜色。如果想要创建窗户的反射光,就在窗户附近绘制暖色调,并在远离窗户处绘制冷色调。在此阶段可以先进行一些杂乱的工作,再逐层细化。

▶ 绘制大致的且富有表现力的中间色调

15

类似于唱片封面和海报这样的细节画起来很有趣。在大多数情况下，你可以绘制一些从模板中取样的不透明色，但对于男孩头顶上的海报，应将其绘制成无光状态，再将其混合模式设置为【正片叠底】，因为它位于暖色调和冷色调混合在一起的白色墙壁上，并在窗口处逐渐隐褪。

▲ 添加类似于海报这样的细节，应将其绘制成无光状态，再将其混合模式设置为【正片叠底】

16

为了营造朦胧的氛围，可采取类似于制作颜色草图的方法。然而，随着薄雾的逐渐消失，一些颜色看起有点苍白且扁平，这在猫爪处最为明显。新建图层，在被设置为【滤色】模式的黑色图层上绘制白色薄雾，然后使用被设置为【正片叠底】模式的图层（此处称为【保持】图层）剪辑手、脸、耳机线和猫咪的剪影。现在橙色来自堆栈顶部的两个图层：一个是被设置为【覆盖】模式的图层，用于使灰色变暖；另一个是被设置为【正片叠底】模式的顶部图层，用于将整个画面着色。这样的结果更易于处理和调整，并有一个令人满意的衰减效果。

▲ 比较之前的薄雾设置和新的、丰富的且具有衰减效果的设置

传统媒体

17

【百叶窗】和【窗框】图层位于【薄雾】图层下,因此可以照到温暖的阳光。在薄雾的基础上为百叶窗绘制黄色的光,使你的作品更有预见性,不受薄雾的影响。在【百叶窗】图层上添加一点冷/暖色调来暗示天空和外面的街区。然而,如果上面有一个很大的橙色图层,则无法这么做。为了给这幅画一种更传统的感觉,就接受瑕疵,不要为必须创造完美的直线而担心。

▶ 基于【薄雾】图层的【百叶窗】图层效果

18

你可以使用一个被称为同步对比度的概念,这个概念意味着将两种不同亮度的颜色放在一起。这样能够创造一种充满能量和活力的感觉。当温暖的底色穿过冷色调的墙壁和地毯时,会产生一种可爱的视觉效果。这种效果在明亮的黄色和蓝色的窗户上尤为明显。它是炽热的光源、反射光、丰富的肤色和半透明效果的完美选择。它可以通过以下方法轻松创建:使用吸管工具吸取你想要匹配的颜色,然后在颜色选择器中,移动色相或饱和度滑块,并微调亮度滑块,直到找到与亮度匹配的颜色,并感觉它增强了右上角色块中的第一个颜色为止。

▲ 在窗户上使用同步对比度的一个示例。注意颜色选择器右上角的色块

19

添加类似于墙上的海报这样的细节是给图片添加故事的好方法。当海报上的这个男人是一个发型滑稽、穿着傻傻的马甲的音乐家时,他并没有给故事增添多少内容。然而,在重新修改后,他以一种和男孩一样的姿势弹吉他,这表明男孩崇拜他,并且喜欢同样的歌。事实上,海报上的吉他手肌肉发达,而这个男孩骨瘦如柴,可以进一步加深叙事效果。

▲ 使用细节进一步讲述图像中的故事

20

耳机线容易过分细节化,因此选择一种风格化的方法。创建一个蒙版并在一些区域涂上黑色,然后重新绘制白色回路。对【耳机线】图层启用阿尔法锁定功能以打破耳机线中的阴影,确保不能在不透明的区域外面绘制。缩略图中的棋盘格背景表明该图层已经被锁定。接下来,在【耳机线】图层上用一些冷/暖色调的笔触绘制相似的螺旋标记。

◀ 使耳机线成为一个风格化的细节

21

在画稿周围进行颜色采样时,关闭【薄雾】图层,这样颜色就不会被下面的橙色稀释了。你所拥有的图层数量越多,在管理它们时就越困难,所以你可能希望将绘制的图层平展。在将图层平展后,就可以开始在此基础上绘制细节了。这样既节省了空间,还保留了一些灵活性,以防止出现错误。

▲ 将图层平展,然后在此基础上开始绘制细节

22

在平展图像的基础上,通过直接在图像上进行颜色采样来清理边缘,而不是在图层之间来回翻转。现在开始细化面部和手部,在清理边缘时注意不要将图像放大太多或将画笔尺寸设置得太小。过于干净和锐利的笔触是数字绘画的一个"死胡同"。当尝试创造一个形象时,若要让它看起来是使用更传统的媒介制作的,则需要保持笔触的表现力。

23

最后添加的主要元素是轮廓光。这是将观众的视线吸引到焦点的因素,因此保留男孩脸上的最暗和最亮的灯光。同样,面部和手部应该包含最丰富的细节,而角色周围的房间则需要绘制得更松散、对比度更低。

▲ 专注于细化面部

◀ 轮廓光对构图至关重要,可以使男孩从背景中突出显示

153

在房间里添加一些装饰图案将有助于吸引观众，同时添加冷色调将和温暖的薄雾形成互补。因此，添加一个被设置为【覆盖】模式的新图层，在图片的角落处绘制一些柔和的深蓝色阴影。为了给轮廓光增加一些温暖的感觉，在被设置为【浅色】模式的新图层上使用MaxU水粉鬃毛画笔，在高光处擦出一些暖橙色。最后，使用50%的灰色填充一个新图层，并将其设置为【覆盖】模式，然后使用【调整】→【杂色】滤镜添加一些杂色，并使用高斯模糊，将杂色模糊几个像素，然后将图层不透明度降低到25%左右，此效果会非常微妙。一旦图像完成，就可以将其导出了（见第18页）。

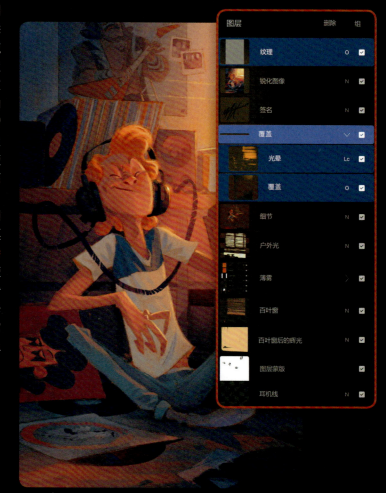

▶ 装饰图案、光斑和【纹理】图层

效果图

这是一个高度复杂的作品，其中有很多元素在发挥作用。但它的核心是一个男孩沉浸在一个相关时刻的故事。现在你已经掌握了如何使用Procreate工具和相关技巧，应当在工作中经常问自己"为什么？"应当考虑角色设计、颜色、灯光和标记制作如何支持你的概念想法，这些都是可以使用的有意义的工具。相信你现在可以做出明智的选择。

太空飞船

多米尼克·梅耶

本项目将按步骤地指导你如何使用Procreate的工具和默认画笔绘制一个动态飞船。初学者将从一开始就被指导，直到完成科幻作品的创作为止，而高级艺术家将发现有趣的窍门和技巧。

本项目将向你展示如何设置画布，以及所有基本设置。它将演示对称工具的功能，以及如何使用这些工具来启动设计过程。它将涵盖良好的图层管理的重要性，以及如何使用各种图层混合模式。除了技术方面，你还将学习如何创造一个好的构图，如何开始绘画，以及如何逐步将其构建为完整的艺术品。

本项目将向你展示如何绘制一艘小巧、敏捷的飞船在金色的风景上疾驰，其背景是冉冉升起的太阳。在本项目中，将探讨如何创建史诗般的灯光效果，并为图像添加运动感和速度感。本项目将涵盖如何使用一个绘画背景和一个比较干净的船身来产生强烈的对比，以实现良好的观赏性。此外，本项目将通过几种默认的画笔，教你如何使用非常简单的方法创建一个引人注目且逼真的图像。

第208页

学习如何：

▶ 创建一个好的构图。

▶ 管理好图层。

▶ 使用对称工具和选区工具。

▶ 创建灯光和效果。

▶ 创建具有运动感和速度感的动态图像。

01

从创建和设置新文件开始。点击【创建自定义尺寸】按钮,然后输入【宽度】为【4000px】、【高度】为【2151px】,设置【DPI】为【300】,选择【sRGB】作为颜色模式。如果对画布的尺寸进行试验,你将注意到文件中可用的图层数量将发生变化。文件越大,可使用的图层数量越少。

◀ 设置画布

02

提出新的想法往往是一个挑战,因此在创作过程中有一个巨大的图片库作为灵感来源和参考是很重要的。这些图片可以是其他艺术家的作品或照片,也可以是自己拍摄的照片。从在设备上存储这样的图片开始,就可以帮助你在头脑中建立一个视觉库,这对你的设计过程是必不可少的。浏览图片库,寻找有趣的太空飞船设计来获取灵感。

◀ 设置对称

03

在创建第一个草图时,对称工具非常有用。打开【操作】→【画布】选项卡并启用【绘图指引】选项。然后点击【编辑绘图指引】→【对称】→【垂直】→【完成】按钮,可以将每条线从一侧镜像到另一侧。使用这个操作可以创建一些初始的飞船草图。一些图层可能具有小的辅助标记,这意味着图层使用了对称设置。如果想要禁用此功能,则点击图层,然后选择【绘图辅助】命令即可。此工具在创建人造结构时非常有用,可以帮助你找到有趣的形状。

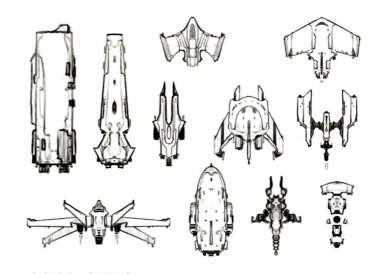

▲ 初始太空飞船的设计

另一种创建有趣形状的有用方法是绘制小的黑白草图。首先，使用不透明度为100%的黑色画笔绘制随机形状，但不要绘制深入细节。然后尝试使用擦除工具编辑形状。当绘制自己喜欢的形状时，可以基于此创建更详细的草图。同时可以尝试创造各种不同的设计方案，这样就可以有一个很好的选择。

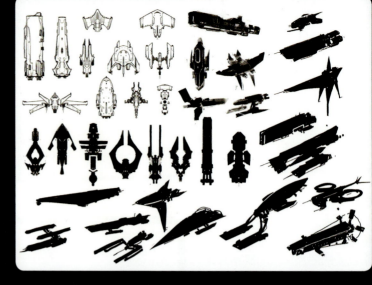

▶ 太空飞船草图

05

一旦对太空飞船的设计有了一些可能的想法，就要考虑如何呈现它。例如，决定使用横向构图还是纵向构图来绘制作品。横向构图通常在侧面产生能量，而纵向构图则在垂直方向产生能量。横向的图像倾向于创造一种更加电影化的感觉，非常适合大规模的或宽广的主题，而纵向的图像则非常适合描绘高度或极倾斜的地平线。

▶ 横向构图和纵向构图缩略图

06

根据选择的缩略图,开始绘制更精细的草图。现在是时候考虑飞船设计的细节了。此外,考虑一下准备在背景中展示什么,以及如何支持太空飞船的设计。这里选择了横向缩略图5。对于这样的动态场景,倾斜的地平线对于体现速度感和运动感是必不可少的。它打破了平行地平线所营造的宁静与和谐稳定的氛围。从左上角向右上角倾斜可以传达积极的感觉,或者以相反的方式可以传达轻微的消极感觉。

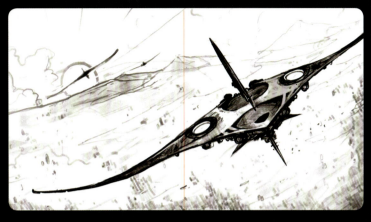

▲ 最终草图

07

在完成草图设计后,下一步是为图像中的不同元素创建一些基本图层。使用选区工具选择太空飞船的形状。如果点击A点和B点,则将在这两点之间创建一条笔直的选择线;而如果想要自己绘制一条线,也可以创建一条徒手画的自然的选择线。创建一个新图层并点击,然后选择【填充图层】命令,将用当前选定的颜色填充选区。对所有背景元素重复此操作。

▼ 选择填充图层以填充选区

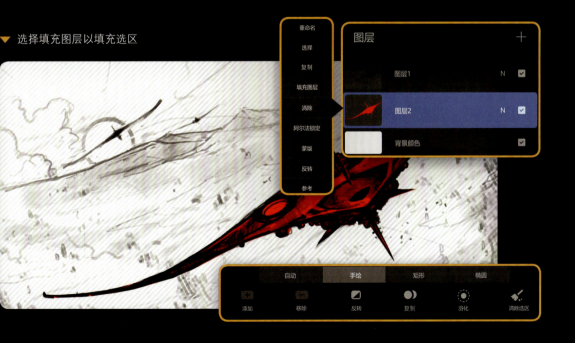

项目流程

08

下面使用速创形状为太阳创建一个完美的圆形（见第36页）。选择【画笔】→【圆画笔】选项，并选取白色。然后画一个闭合的圆形，并在画布上按住触控笔几秒钟，直到它捕捉到一个精确的圆形。点击【编辑形状】→【圆形】按钮，圆形形状将变换为完美的圆形。通过将颜色从右上角拖动到圆形区域中来填充圆形。

▲ 使用速创形状创建一个完美的圆形

▲ 通过将颜色从右上角拖动到圆形区域中来填充圆形

▲ 图层结构

09

设置好这些图层后，就可以开始绘制了。在基础图层的基础上创建一系列新图层，点击这些图层，然后选择【剪辑蒙版】命令，此时在这些新图层上绘制的所有内容将仅在下方的图层上可见。从天空开始，使用软画笔在天空背景的底部绘制明亮的蓝色渐变效果。使用左侧滑块切换画笔尺寸，并使用相同的画笔将风景涂成黄色和棕色。在山脉上添加微妙的蓝色渐变效果，然后用深灰色填充太空飞船的图层。

▼ 使用剪辑蒙版绘制基础颜色

10

确保亮度值是正确的。亮度值是像素的亮度信息,从纯白色到灰色调,再到纯黑色。如果一个元素在背景中较远,则应确保该元素最暗的部分比前景中类似对象的相应暗部亮。背景中的元素应当比前景中的亮一些。为了定期检查这一点,可在其他图层之上创建一个新图层,并将其填充为黑色。然后将该图层模式从【正常】更改为【颜色】→【饱和度】,使N变为Sa。当此图层处于激活状态时,可以看到颜色的亮度值,可以在整个设计过程中隐藏和取消隐藏该图层。

▼ 创建一个【亮度值检查】图层

艺术家提示

现在你已经有了扎实的基础来创建绘画。根据画布上的关键信息,你应该已经可以掌握绘画的方向了。通常应当花费必要的时间来创建此基础。经过几个小时的绘制和打磨、细化之后,当你意识到一些基础的内容在画面中不起作用时可能会十分沮丧。

项目流程

11

使用图层混合模式创建史诗般的阳光效果。创建一个新图层，然后使用圆形画笔围绕太阳绘制模糊的橙色三角形。三角形的长边与地平线对齐。将该图层的混合模式设置为【强光】、不透明度设置为40%。接下来，创建一个新图层，绘制一个比太阳稍大的更模糊的橙色圆形，并将其混合模式设置为【添加】、不透明度设置为50%。再次创建一个新图层，绘制一个比太阳稍大的更模糊的深橙色的圆形，并将其混合模式设置为【添加】、不透明度设置为50%。将所有新图层分组，可以随时启用和禁用效果，然后继续绘制隐藏的太阳效果。

▲ 创建阳光图层

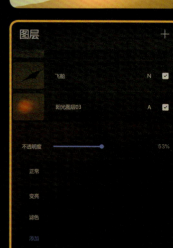

▲ 创建其他阳光图层

▼ 通过向右滑动选择所有阳光图层

▼ 将所有阳光图层分组并重命名该图层组

下一步是给天空添加云层。使用湿亚克力画笔在天空背景图层上绘制深蓝色和橙色斑点。接下来，使用涂抹工具与油漆画笔以水平笔触混合颜色。可以先随意地使用更多的颜色来画画，再进行涂抹，直到对效果感到满意为止。

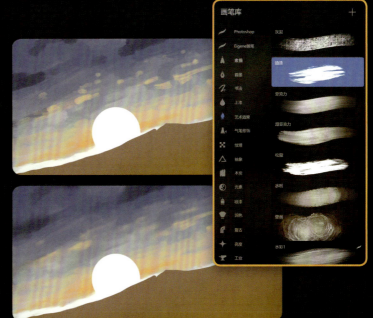

▶ 添加颜色斑点

▶ 使用涂抹工具将它们混合在一起

13

现在给风景图层添加细节。在风景的【基础颜色】图层上创建一个新的图层，并将其设置为剪辑蒙版。使用湿亚克力画笔在面向太阳的山的两侧绘制明亮的黄色和棕色。要执行此操作，可使用吸管工具选取一种颜色，并沿着特定的方向绘制笔触。然后选择第一个笔触旁边的颜色，并以相反的方向略微倾斜画笔在第一个笔触上绘制另一个笔触。使用这个技巧将创造一个很好的绘画效果，形成三角形的笔触。可以使用该笔触塑造风景。

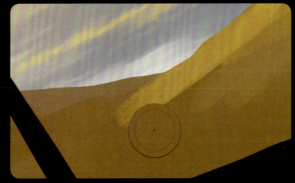

◀ 绘制笔触，接着选择附近的颜色

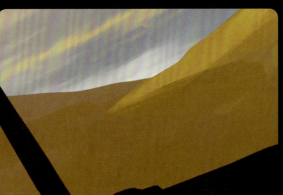

◀ 绘制第二个笔触，与第一个笔触稍微成角度

14

选择【油漆】画笔,并使用相同的绘画技巧(见上一步中的概述),添加更多的细节和颜色到风景中。接下来,使用松脂画笔和方位画笔绘制小树。减小靠近地平线的树木的大小,以增加风景的深度。在阴影区域添加一些蓝色,如树下和背着太阳的山的侧面。

▲ 使用油漆画笔为风景添加细节

▲ 添加少量树木

▲ 添加大量树木

▲ 在树下和山的侧面添加蓝色的阴影

15

创建一条河流。使用选区工具在河流所在的区域绘制蛇形。通过连接选定路径的起点和终点来闭合选区并创建一个新的图层。选择一个明亮的黄色填充选区,然后对图层设置阿尔法锁定。这样一来,将只允许在该图层已经存在的像素上绘制。接下来,在河流中添加一些微妙的白色或黄色渐变效果。

◀ 创建河流的选区

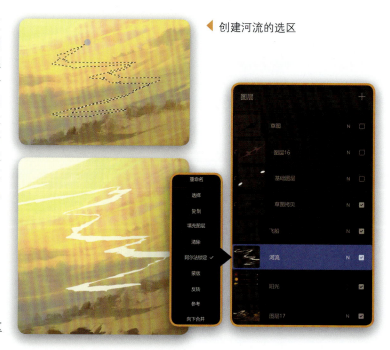

▲ 填充河流的选区

16

随着背景逐渐完成,是时候开始绘制太空飞船了。将【草图】图层设置为在开始时创建的太空飞船基础图层上的剪辑蒙版,并将其不透明度设置为20%,以便看到一些细节。创建一个新图层并使用速创形状添加两个圆形涡轮机(方法是绘制圆形),然后在屏幕上按住触控笔(见第36页),使用相同的方法创建太空飞船的上壳。对壳的图层设置阿尔法锁定,并使用圆画笔添加一些基本阴影(让光线更好地体现出来)。接下来,使用尼科鲁尔画笔为太空飞船添加更多的细节。

▲ 使用速创形状创建干净的线条

▲ 使用圆画笔添加基础阴影

▲ 使用尼科鲁尔画笔添加锐利的细节和材质

17

使用颜色为太空飞船添加有趣的视觉细节。创建一个新的图层并将其混合模式设置为【正片叠底】。使用鲜红色在船身添加醒目的图案。从粗糙的笔触开始,一旦找到了满意的形状,就对它们进行细化。接下来,对飞船进行改进,将船的上壳和下壳连接起来,然后在机翼的前缘添加一道光线。

▲ 为获得更有趣的视觉细节而添加颜色

▲ 为飞船添加更多功能,然后润色

18

目前，这张图并没有产生强烈的运动感。为了改变这一点，在天空中创建一条由飞船飞行留下的白色轨迹，显示飞船从哪里来，到哪里去：朝向观众。速度线是另一种有用的效果，它可以通过在运动物体周围添加线条或条纹来增强运动感。首先，重新组织图层，隐藏日光效果图层组。然后，选择所有图层，将它们分组，并复制该图层组，平展新的图层组。现在有了所有内容的合并版本，并且所有其他图层都被保存在下面的备份组中。接下来，使用涂抹工具并选择油漆画笔，在飞船运动后的速度线上轻轻地涂抹。使用软画笔在背景中添加一些额外的飞船。

▲ 在天空中添加轨迹以显示飞船从哪里来

▲ 添加速度线

▲ 根据飞船的飞行方向添加更多的速度线

19

现在是时候给太空飞船添加一些光影效果了。创建一个新图层，使用软画笔并选择亮蓝色在希望太空飞船发光的部分绘制。在此案例中，我们希望太空飞船发光的部分是飞船后面的轨迹、圆形的涡轮机及机翼边缘的微亮条纹。将图层混合模式设置为【滤色】，以创建引人注目的蓝色辉光。

艺术家提示

如果对图像感到不满意，也不要放弃。绘画是需要进行大量练习的手艺。如果在初次尝试后，你的画作不是一幅出色的杰作，这是完全正常的。你需要耐心一点，然后重新开始，相信在一段时间后，你将收获努力练习的丰硕成果。

20

下面使用一个轻微的颜色校正来调整整个图像。若要影响整个图像,则需要将所有内容放到一个图层上。选择所有的图层和图层组,并将它们组成一个新的图层组。复制这个新图层组,然后平展该图层组。选择【调整】→【颜色平衡】命令并使用滑块调整图像的红/紫色调。

▼ 使用【颜色平衡】模式矫正颜色

21

创建一个新图层并添加最后的细节,如飞船涡轮机发射的烟雾轨迹和更多的速度线。在对结果满意后,选择所有图层,将它们组成一个图层组,复制该图层组,然后平展该图层组。选择【调整】→【锐化】命令,将锐化效果添加到新的合并图层,并将其强度设置为80%左右。

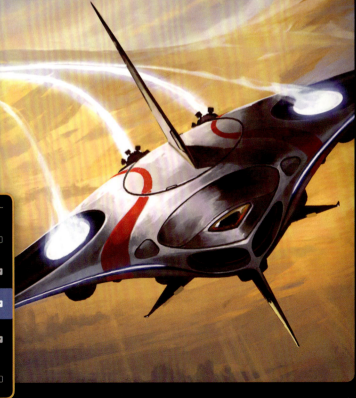

▲ 为图片进行最后的润色

22

现在作品完成了,可以将它导出并与其他人分享了(见第18页)。

效果图

本项目分享了宝贵的建议，不仅涉及如何使用 Procreate，还涉及如何创建数字绘画。按照每一个步骤进行操作，并使用本项目作为你未来进行艺术创作的基础，但不要拘泥于规则和建议。尝试使用这款软件，看看它能带给你什么惊喜。快乐的意外是创造过程中的一个重要部分，因此不要害怕冒险，尽情尝试新的想法。尝试进一步展现图像的故事叙述性和整体的动态感。

效果图 © 多米尼克·梅耶

下图：骑士

下图：陆上极速纪录

上图：祭司

户外写生

西蒙妮·格吕内瓦尔德

在iPad上使用Procreate进行绘画创作有很多优点，最大的优点是可以随时随地进行数字绘画。你可以将iPad随身携带，为任何吸引眼球的事物进行速写。携带iPad比携带大量的绘画用品更便捷。尽管如此，还有一些问题需要考虑，比如，当你准备进行长时间练习时如何选择写生地点。

本项目将循序渐进地向你展示如何只使用一支稍加修改的标准Procreate画笔在户外绘制草图并捕捉一个亮丽的户外场景。本项目将涵盖如何使用画笔以多功能的方式捕捉场景的光照，利用各种图层混合模式和工具使得在Procreate中绘画变得更加容易。本项目还将向你展示一些技巧，以创建生动、活泼的颜色，特别是在你绘制大量绿色植物的时候。

第208页

学习如何：

▸ 编辑标准画笔。

▸ 使用图层混合模式。

▸ 使用剪辑蒙版。

▸ 使用阿尔法锁定。

▸ 在蒙版中绘画。

174

01

在户外写生时,因为你可能会在写生地点坐一会,所以穿着合适的衣服很重要。在这种场合可以随身携带一个小泡沫坐垫,而小小的折叠椅是一个更舒适的选择,但这取决于你想要的视角。在选择绘画地点时,应避免坐在路中间,并确保在绘画时没有阳光直射到iPad上,否则会导致你无法看清自己在画什么。

▶ 在户外写生时,小垫子很实用

02

本项目是使用修改后的标准HB铅笔绘制的,该画笔可以通过【画笔库】→【素描】找到。HB铅笔最初有非常小的尺寸限制,但是选择【HB铅笔】选项后将允许你访问画笔编辑菜单。在【常规】→【尺寸限制】选项组中,将【最大】滑块更改为140%左右。如果还想保留默认的HB铅笔,则复制一个画笔即可。

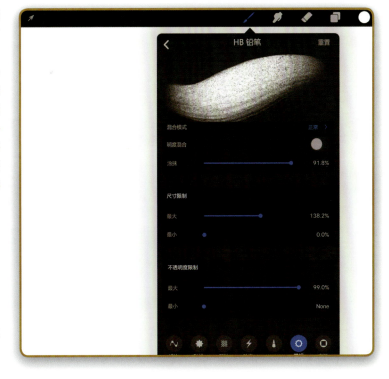

▶ 修改HB铅笔以制作高质量纹理的全方位画笔

03

　　观察选择的写生地点,并寻找合适的角度进行绘画。可以用自己的手充当一个取景框,并通过取景框观看,找到满意的取景对象。一旦确定取景对象,就从绘制粗略的透视图开始,快速绘制第一个草图。在数字绘画的这个阶段,可以通过在画布上移动元素来改善构图。点击【选区】→【手绘】按钮,对绘画内容进行选择,然后围绕选区进行绘制。

▲ 选择场景并构建草图

04

　　点击变换图标以完成对选区的编辑,然后点击并拖动选区,将其重新定位到画布上的其他位置。除了移动选区,还可以通过多种方式对其进行编辑,包括在必要时进行翻转或扭曲。尝试在早期阶段把构图确定好,平衡绘画元素,确保距离合适,同时确保构图不要过于规则。将视觉焦点稍微偏离中心,而不是放在中间,会使画面更有吸引力。

▲ 编辑草图的构图

05

一旦完成草图编辑，就开始细化草图并添加更多细节，同时规划光照和阴影区域。例如，在通往桥梁的路径上，绘制一些体积框和透视线将会对你有所帮助。此阶段的画面可以是混乱的，因为之后不需要这些线稿。记住你的构图，并将其画出来。

▶ 完善草图，使其具有所需的所有信息

06

在Procreate中开始绘制草图时，将自动在基于背景图层的新图层上进行。每个图层都可以被设置为不同的图层混合模式，其中最基本的是【变暗】→【正片叠底】模式的图层。在此图层上所有内容的效果都将成倍增强，并与下面的图层在视觉上进行混合。将【草图】图层的混合模式设置为【正片叠底】。

▼ 【正片叠底】是数字绘画中基本的图层混合模式之一

07

在开始绘制颜色草图之前,应考虑更改【背景】图层的颜色。由于绿色是此户外场景的主色调,因此红色是一个很好的背景颜色,这是因为它是绿色的互补色。将背景颜色设置为红色可以让你的画表现出温暖的感觉,使绿色更明亮。如果想要更改背景颜色,则点击图层以调用颜色选择器。

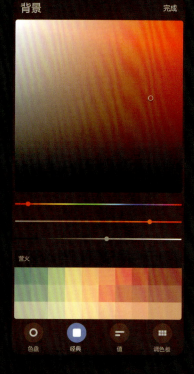

▼ 改变背景颜色可以为上面图层的颜色提供特别的活力

08

在【草图】图层下面的图层创建颜色草图。颜色草图在决定整体配色方案时很重要。先画一幅颜色草图,以防止你在画到一半时才意识到不喜欢自己选择的颜色。可以创建几幅颜色草图,试验出你喜欢的颜色,并且可以通过颜色草图看出画面的色彩方向。使用尺寸较大的画笔进行绘制,可以避免过度细化草图。

▶ 创建颜色草图,为画面选择合适的颜色

颜色草图

颜色草图和可见的粗略线稿

09

在【草图】图层下方创建一个新图层,并将其混合模式设置为【正常】,然后开始绘制场景的背景颜色。从背景颜色开始绘制,将确保正确的颜色在逐渐叠加的图层下方闪烁。由于此场景背光,光线会穿过树木,此图层将包含画面中最明亮和最饱和的颜色。记住要时不时地关闭【草图】图层,以便检查颜色。

▶ 首先绘制背景颜色

10

在设置好背景颜色后,即可开始在新图层上绘制树木。将这棵大树分为两个图层进行绘制:一个图层用于绘制前面的树枝,另一个图层用于绘制被遮挡住的后面的树枝。由于背景中的树不会互相重叠,因此可以将它们绘制在一个单独的图层上。将对象保持在不同图层可以更容易地控制边缘,以及在以后更容易地绘制阴影。同时这将允许你在之后擦除部分树木,而不影响其他部分的绘制。不要将每一个对象都放在一个新的图层上,因为那会让人感到困惑,只需将有重叠的对象放置到不同的图层上即可。

▶ 将重叠的元素放在不同的图层上,以便绘制和获得清晰的形状

11

在背景中绘制绿色植被，倾斜触控笔以绘制一个大范围的、具有颗粒感的笔触。试验握笔的角度，当触控笔垂直时，HB铅笔的笔触非常精确，但是当触控笔倾斜时，HB铅笔的笔触会变得更加透明且具有颗粒感。以不同的明暗度在绿色植被上进行绘制以创造变化。不同的树木有不同的绿色阴影，即使在同一棵树中，阴影看起来也不一样。例如，树叶会以一定的角度反射天空的蓝色，当阳光穿过树叶时，树叶将看起来更明亮，颜色会更接近黄色。

艺术家提示

当你在观看一个场景或一张照片时，可尝试在脑海中把它分为几个具体的图层。思考如何使用尽可能少的图层分解场景，其中哪些图层是必须被分离的。通过练习，你将开始了解如何分组有意义，以及哪些图层是需要被分离的。

▲ 尝试手握触控笔的角度，然后在绿植中绘制

12

为了给前面的叶子增加一些颜色变化,并使其朝着边缘变亮、变淡,将它们放在一个单独的图层上是有帮助的,这是因为它们是相互重叠的。这时需要避免跟踪前面树的边缘与另一棵树的相对位置。实现这一点的最简单方法是对图层进行阿尔法锁定。

▶ 阿尔法锁定是绘制颜色变化最简单、最干净的方法

13

在图层上使用阿尔法锁定时,它会锁定图层上已经存在的像素。因此,在使用阿尔法锁定的图层上绘制时,只能在现有像素上绘制,其他所有像素都保持透明,即使是半透明像素也保持相同的透明度。当希望使用大笔触对形状绘制阴影以创建平滑渐变,但又不想损坏已绘制的形状和边缘时,此功能非常有用。

▶ 阿尔法锁定是绘制颜色变化最简单、最干净的方法

14

当大部分元素都准备好之后，就可以开始对它们进行一些改进了。例如，通过擦除图层中的某些部分来细化植被中的色块，以创建更复杂的形状和边缘。在叶子上擦出洞的形状，让阳光照亮背景，即可令叶子产生质感。对擦除工具使用相同的画笔并将其不透明度设置为100%以创建清晰的形状。

◀ 关闭阿尔法锁定，通过擦除部分色块的部分形状来优化造型

15

到这一阶段的一切可能让人感觉技术性较强，就好像你正在设置、分类并准备开始绘画一样，但这种准备是必不可少的。良好的基础是创作优秀作品的关键，一旦完成准备工作，绘画的乐趣就此开始：细化造型并添加细节和细腻的颜色，使颜色接近现实颜色但又有细微的差别。降低画笔的不透明度会使其在绘画时更加可控，并使笔触不那么粗糙。添加一个新图层，然后在上面轻柔地绘制并保持主要背景不变。

▲ 使用较精细的笔触和较低的不透明度来优化画面效果

户外写生

16

其中一个最重要的细节仍然缺失：桥，即这幅画的视觉焦点。在一个新图层上绘制桥的轮廓，并将其涂成最暗的颜色。将画笔的不透明度设置为100%，保持边缘清晰，并选择一个相当干净且实心的形状。仍然将初始草图设置为【正片叠底】模式，且将其不透明度设置得很低，以帮助调整透视并确定桥的位置。

▼ 将桥添加到新图层上，并将其作为实心形状来绘制轮廓

17

在【桥】图层的基础上添加一些附加图层，以便在上面绘制桥的细节。在一个图层上使用柔和的大笔触绘制渐变效果，并在其他图层上添加更多的光源细节。将这些图层设置为剪辑蒙版，它们将使用底层的像素作为允许在其中绘制的形状。它们的工作原理类似于使用阿尔法锁定的图层，但其优点是允许你使用多个图层，并将它们相互层叠。在不损坏顶部形状的情况下，采用这种方式更容易编辑底部形状。

▲ 剪辑蒙版将下面图层的形状用作模板，可以在其中进行绘制

183

18

在此阶段，你可以看到画面开始逐渐融为一体，尽管它仍然让人感觉有些模糊和平淡，且缺乏深度。这是因为它仍然缺少一些细节，可尝试均匀地绘制和细化所有部分。如果你需要离开写生地点，那么当今数字时代的优势就是可以拍摄场景照片，以便稍后完成画面细节。当然，最好是在现场进行绘制，因为照片很少能完全捕捉到画面氛围，但如果有必要且你已经捕捉到了画面氛围，那么可以在家中为作品进行最后的润色。

▲ 现场拍摄的照片可以用来为作品进行最后的润色和细节添加

19

路灯是最后添加的元素之一，其创建方式与桥类似。在不同的图层上绘制灯泡和灯柱，将每个形状上方的图层设置为剪辑蒙版并绘制阴影。在路灯绘制完成后，在新图层上继续绘制需要细化的部分。

▲ 在所有图层上创建一个新图层以添加更多细节，完成更全面的绘画

户外写生

艺术家提示

在绘画时，应当记得经常缩小画面。这将提供一个缩略图视图，以供用户检查画面是否仍然合理且美观，是否已经偏离正轨。将两个手指捏合在一起可以缩小图像。

20

在绘画的最后，复制整个图像。用3个手指在图像上向下滑动，然后在复制粘贴菜单中点击【全部复制】按钮。重复相同的操作并点击【粘贴】按钮。这就像对已绘制的所有内容进行拍照一样。可将这个被命名为【插入图像】的平展图层移到顶部。

▲ 将绘制完成的内容拍摄下来

21

尝试使用不同的图层混合模式以获得不同的效果。例如，【柔光】模式将使画面饱和，同时增强对比度，可用于对画面进行最后的调整。通过对图层添加蒙版，可以在不破坏图层上实际像素的情况下部分地擦除上述效果。在图层蒙版中绘制，该蒙版将自动使用灰度色调。使用黑色可以隐藏图层的内容，使用白色或灰色则可以显示它们。

▲ 蒙版可用于有选择地调整颜色和对比度

185

22

在使用了你认为有用的多种混合模式为图像添加更多深度和颜色后，可对图像进行最终评估，并在新图层上进行最后的润色。如果你发现自己对图层的数量感到焦虑，则可以随时合并它们——只需确信无须改变图层中的任何内容即可。用于创建此图像的图层混合模式包括【正片叠底】、【柔光】和【滤色】。在完成后，即可导出并分享图像（见第18页）。

◁ 添加最后一个图层以进行最后的润色

效果图

这幅户外写生作品试图捕捉一片绿意盎然的户外场景的宁静氛围。其中，平衡树叶形状的柔和度和杂色是非常重要的。对树叶的硬边缘和软边缘进行试验，如同试验颜色和光线一样，以平衡和暗示细节。当你无法画出每一片叶子的时候，就要学会风格化。随着你对本项目中介绍的各种工具和技术越来越熟悉，这些将变得更加容易操作。

下图：杰丽安妮的树林

本章图片版权属于西蒙妮·格吕内瓦尔德

上图：坚果壳里

下图：秋天下的沐浴

科幻生物

山姆·纳索尔

使用Procreate可以随时随地创建艺术品，就像在传统的画板上绘画一样，但是数字工具可以具有一些传统画板所无可比拟的魔力。本项目向你展示如何创建一个风格化的形象，其中包括两个科幻生物在一个先进的航天器中的场景。

从一开始，这幅画就证明了Procreate使得绘画的每个阶段都变得很轻松，包括最初的探索性草图和线稿作品。使用【剪辑蒙版】工具可以精确地绘制生物剪影的详细轮廓，而使用图层混合模式可以添加光源的效果，为角色带来生命力。在此过程中，你会看到各个单独图层及将它们合并时的效果。

对于背景的创建，本项目将指导你按步骤地完成该过程，包括如何创建两点透视图及如何使用绘图辅助工具确保线条捕捉到栅格以获得真实的效果。本项目的最后一部分涉及灯光效果、纹理和景深的创建，以确保背景与科幻生物互补。

第208页

学习如何：

▶ 勾勒出大致的想法。

▶ 使用图层技术实现高效的光影效果。

▶ 使用绘图指引创建有效的透视栅格。

▶ 创建辉光效果。

01

创建一个新文件并从模板中选择A4尺寸，使用【素描】→【HB铅笔】，在考虑科幻生物主题的情况下，开始制作探索性生物草图，本项目将向你展示如何用一个傻乎乎的蜥蜴类宠物塑造一个强硬的外星生物角色。角色设计中的这种对比总是很有趣。在默认图层上至少创建3个草图。在此阶段不需要添加任何额外的图层。

▼ 至少使用3个缩略图草图开始探索设计

02

选择你喜欢的草图（在这里选择了草图A），然后开始清理该草图以创建一个精致的线稿版本。点击【选区】→【手绘】按钮，在草图周围绘制选区线条，然后调用复制粘贴菜单并点击【剪切并粘贴】按钮，将把你喜欢的草图粘贴到新的图层上。此时可以隐藏或删除包含其他草图的初始图层。选择变换工具并使用捏合手势在画布中使草图放大或居中，以获得最佳的文件分辨率效果。接下来，将图层的【不透明度】滑块调整到50%左右。

▶ 用3个手指向下滑动以调用复制粘贴菜单

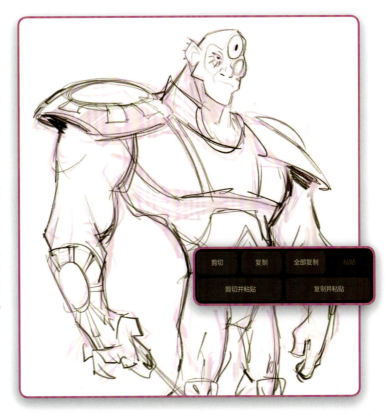

在【草图】图层的基础上创建一个新的图层，并将其命名为【线稿】。始终以一种稍后对你有用的方式命名图层，这样当有很多图层时，就可以避免在错误的图层上工作。使用同样的HB铅笔画出线条更清晰的生物。慢慢地绘制，并思考每一个设计元素，最好包含各种直线、S曲线和弧形。以有趣的整体比例和易于识别的剪影为目标，随意调整初始草图，这里增加了一个吓人的肥皂气泡枪。

▲ 在设计中对比曲线和直线以创造良好的动态效果

▲ 精致的线稿不必完全干净，只要足够清晰就可以开始绘画

04

在创建一个精致的线稿设计生物后，创建一个单色底色图层，以支持后续的光影工作。光影可以增强角色的外观，并有助于给场景营造一种氛围。下面是一个通过图层混合模式创建光影的简单而直接的方法。创建一个新图层，按住该图层并将其拖动至【线稿】图层的下方，然后将其命名为【平面】。使用手绘选区工具定义整体剪影，然后将颜色从右上角拖动到选定区域，并使用纯色填充选定区域。

▶ 纯色填充图层，用于表现基础（局部）颜色

科幻生物

05

降低【线稿】图层的不透明度，并对【平面】图层进行阿尔法锁定。在锁定此图层后，将不允许绘制超出该图层的内容。下一步，使用纯色圆画笔绘制主要颜色，如Sam硬滴画笔，并尝试使用纯色绘制大块面积。

▶ 为线稿添加平面颜色

06

在绘制好固有色后，创建一个新图层并将其命名为【环境光遮蔽】。启用【剪辑蒙版】工具，以便在绘制此新图层时，始终将其限定在下方图层的边界内。将该图层的混合模式更改为【变暗】→【正片叠底】。【正片叠底】模式非常适合用于添加阴影，因为它会使下方图层的颜色变暗。

下一步，选择Sam实用画笔或Sam简易水粉画画笔。使用白色填充图层，保持【草图】图层可见，使用黑色和灰色并以一种微妙的方式绘制该形状，使其从右上角发出低密度的反射光。例如，角落或深裂缝几乎是黑色的，是光线无法或几乎不能到达的区域。这将有助于对生物进行三维查看，在【正常】和【正片叠底】模式之间来回切换以检查结果。使用【气笔修饰】→【软气笔】绘制柔和的过渡效果。

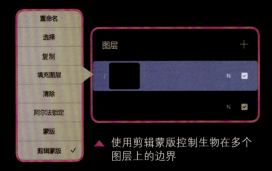

▲ 使用剪辑蒙版控制生物在多个图层上的边界

▲ 【线稿】图层不可见时的【环境光遮蔽】图层

193

07

在【环境光遮蔽】图层上方创建一个新图层,将其命名为【光通道】,并更改其混合模式为【添加】,这里的光源来自右上角。记住这一点,使用Sam滚筒画笔或Sam实用画笔绘制简单的光照区域。注意不要让它在此阶段看上去太柔和。

▶ 关闭【线稿】图层的可见性,使【光通道】图层和【环境光遮蔽】图层混合

08

打开所有图层的可见性,以检查它们是如何协同工作的。根据需要调整每个图层的不透明度级别。关键是不要过分夸大光源,因为这只是绘画的一个起点。

▼ 基本图层叠加在一起的结果

▲ 平面+环境光遮蔽   ▲ 平面+环境光遮蔽+光通道

▼ 图层结构

科幻生物

▲ 图层分解

09

使用捏合手势将所有单独的图层合并为一个图层,并直接继续在上面绘制。这使得在这个过程中关注更多的是绘画,而不是图层管理。锁定该图层的透明度,然后绘制细节并增强光影的效果。使用Sam平涂画笔进行大部分的工作。对蜥蜴宠物进行相同的操作,将其保持在单独的图层上。

▶ 将主角的所有基础光影图层合并为一个图层,并绘制细节和光源

195

项目流程

10

使用【调整】→【曲线】工具调整颜色对比度。点击【伽玛】按钮并稍微调整曲线点以增加对比度,稍微调整颜色。其目的是创造一个微妙的S形曲线,以产生稍微暗一点和更亮的光影。

▶ 使用【曲线】工具增加对比度

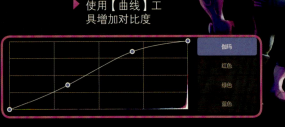

艺术家提示

有效使用Procreate的方式就是掌握手势。对手势使用得越多,工作流程就越快。一个有用的快捷方式是点击修改按钮。这将调用速选菜单,其中包含6个常用操作,即创建新图层、删除、阿尔法锁定等。你可以按住其中的任何一个并从列表中选择不同的选项来自定义该菜单上显示的操作。

11

使用液化工具进一步调整比例,并进行一些整体形状校正。液化工具是非常强大的工具,因此需要注意不要因使用得过多而过分扭曲图像——你最终可能会偏离原始图纸,以及最初想表现它的强烈想法。如果希望效果更具动态和流动性,可尝试使用【动力】滑块。【动力】滑块在无须重新绘制或绘制任何内容的情况下有助于进一步完善设计,但同样,注意不要过度使用——在手动调整图像和让工具自行完成任务之间找到平衡点。

▶ 可根据需要稍稍调整液化工具的形状和比例

12

继续添加小细节，如划痕和纹理。对于外星生物，使用平面绘制画笔并将其不透明度设置为75%。你还可以通过导入任何黑白图像纹理来使用纹理覆盖。选择【操作】→【添加】→【插入照片】选项，然后导航到iPad照片库（保存黑白纹理的位置）并确认导入。将导入照片的混合模式切换为【覆盖】。这是处理纹理时可以选择的不错的混合模式。

▲ 考虑以一种微妙的方式添加纹理

13

使用【变换】→【扭曲】命令控制纹理并将其放置在圆形曲面上，如盔甲的肩部部分。调整角点以将纹理弯曲到配件曲线中。在【自由】和【扭曲】模式之间来回切换，以将纹理放置到位。对于主体胸部，使用【纹理】→【小数】画笔绘制简单的相同纹理。

▶ 使用纹理画笔添加覆盖图案——这里添加了一个简单的六边形纹理

▶ 扭曲变换对于在曲面顶部放置纹理非常有用

197

项目流程

14

在背景中，创建一些简单的内容，并使其不会太分散对生物的注意力。使用Procreate的绘图指引功能绘制准确的透视图。选择【操作】→【画布】选项卡，启用【绘图指引】选项，然后点击【编辑绘图指引】按钮。现在可以通过点击图像上的任何位置来创建透视点。

▶ 启用【绘图指引】选项并选择透视选项

15

在创建两点透视图时，最好将透视点保持在较远的距离，并确保地平线没有倾斜。还可以通过调整下面的【粗细度】滑块来调整引导线的粗细。一旦设置好透视网格，即可点击【完成】按钮。现在可以在绘制背景时查看网格。

▶ 确保这些生物坐落在透视网格内，保持地平线笔直

16

若要使线条自然捕捉到栅格线，如同使用标尺一样，就要在绘制直线的任何图层上使用绘图辅助功能。此功能依赖于图层。为背景草图创建新图层，并选择【绘图辅助】命令。你可以在绘制背景时打开或关闭此功能。当你想绘制直线时，这是非常有用的，然后就可以自由地绘制草图。

▶ 使用绘图辅助功能可使线条自动捕捉到使用绘图指引功能设置的栅格上

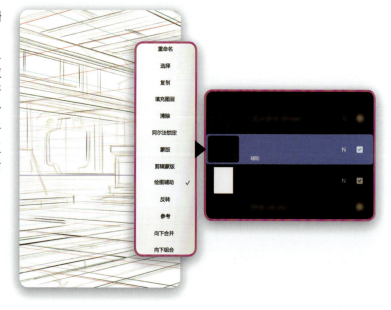

科幻生物

17

继续细化背景草图。在草图下方创建一个图层并使用灰色填充。使用选区工具绘制主要元素的位置,并保留一些硬边缘。将图层混合模式设置为【正片叠底】。

▶ 使用选区工具绘制背景的主要元素

18

在对绘制的整个背景草图满意后,创建一个新图层并将其拖动到【草图】图层下方。由于背景包含的细节很少,因此可以将其全部绘制在一个图层上。为了加快这个过程,使用深蓝色填充新的空白图层。

19

使用平面绘制画笔绘制一些细节,可选择与主要深蓝色底色相似的颜色。使用选区工具创建干净边缘的选区并在其中进行绘制。在选区模式下,在【手绘】和【多边形】模式之间切换,并通过点击而不是拖动选区来将两种模式组合在一起。在选区边界内直接绘制是一种很好的技术,用于在工作中实现精确的边缘控制。

▲ 保持主要的背景颜色为单色,在这里它是深蓝色,可以使生物脱颖而出

▲ 在选区范围内绘制是控制硬边缘的一种很棒的技术

项目流程

艺术家提示

Procreate的直观工具可以使你轻松上手并创建艺术作品。你可以快速地学习各种技巧,仅需要多加练习。记住要尽可能地使你的图层有条理。

20

在这个阶段,打开【生物】图层的可见性是一个好主意。这样你就不会花费太多时间来详细绘制那些被生物挡住的内容。

▲ 背景绘制进行中

21

若要为背景光影创建光晕效果,则首先创建一个新图层,并在某些单色形状中绘制。使用多边形选区工具创建干净的矩形形状,并使用纯色进行填充。然后复制此图层,并将其混合模式设置为【添加】。

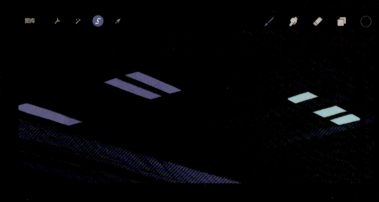

▲ 使用手绘选区工具点击而不是拖动角点以创建多边形选区

22

选择【调整】→【高斯模糊】命令,并左右滑动手指以调整模糊效果的强度。在对图像效果感到满意时,选择【调整】→【杂色】命令,为光晕添加一些杂色效果。

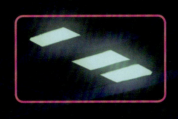

▼ 将图层混合模式设置为【添加】、滤镜设置为【高斯模糊】来创建辉光效果

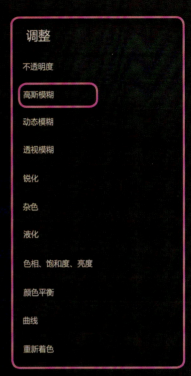

23

点击【变换】→【扭曲】按钮,在地面上叠加纹理。在将平面纹理变换到透视平面上时,这是一个很好的模式。重要的是,不要添加太多令人注意力分散的细节,因为视觉焦点在生物上。这里所需要的是一些统一科幻风格的微妙暗示。

▶ 【变换】→【扭曲】选项

24

若要创建摄像机景深的感觉，则复制背景图层，然后使用【调整】→【高斯模糊】命令创建失焦效果，为场景添加景深。也可以使用【调整】→【杂色】命令创建胶片纹理效果。接下来，使用软气笔擦除模糊图层的地面部分，因为我们只希望背景中最远的区域有点模糊，而不是前景。取消隐藏【生物】图层以将它们添加回场景中。现在作品已经完成，可以将其导出并分享了（见第18页）。

▲ 背景的相机景深效果

▲ 使用【高斯模糊】和【杂色】滤镜来创建景深

效果图

在完成本项目后，你将掌握如何使用Procreate中的一些最基本的工具和技术在场景中创建自己的科幻生物。当然，你可以进一步探索，并将这些技术应用于任何你喜欢的艺术风格或流派中。享受探索的过程——在工作中总有新的内容需要学习和执行。创造性的表演和实验往往会对你的艺术作品有益，因此，让自己玩得开心，并享受整个过程。

效果图© 山姆·纳索尔

下图：维京人

本章图片版权属于山姆·纳索尔

术语表

环境光遮蔽
　　环境光遮蔽是指由环境光、非平行光创建的阴影，就像物体在阴天时被照亮一样。这些阴影部分主要是环境光无法到达的缝隙。

Apple Pencil
　　苹果公司开发的一种高级触控笔，专门用于iPad。它是推荐给Procreate用户使用的工具，具有倾斜识别、压力敏感和侧键等功能。

背景颜色图层
　　Procreate所特有的图层，这是一个不可删除的图层，会随着每个新文件自动创建。

备份
　　为数字作品创建一个备份文件以避免丢失。

画笔库
　　Procreate中包含的画笔集合。可以通过创建自定义画笔或下载其他艺术家创建的画笔来扩展此集合。

画笔集
　　用于绘画的画笔组或类别。

画布
　　绘画表面，用于模拟传统和数字艺术品。

程序坞
　　一个快速访问菜单，包含iPad上最近使用的应用程序，可通过从iPad屏幕底部向上滑动来调用。

导出
　　将作品从Procreate中另存出来，可以将文件导出到自己的设备或其他应用程序中。

文件
　　作为画布或艺术作品的同义词，每个艺术作品都被视为图库内的单个文件。

图库
　　Procreate的主屏幕，用于显示你所有的文件。在这里可以创建新画布，以及预览、删除或重新整理现有画布。

手势
　　在Procreate环境中，手势是因手指在iPad屏幕上的动作而触发的命令。

导入
　　在Procreate中添加文件，可以从其他软件中导入平面图像、画笔，甚至是文件（如Photoshop的原生PSD格式）。

图片格式
　　若要将图像的数字化数据转换为实际图片，则必须以设备可以读取的正确格式存储文件。几种常见的主要格式包括：JPEG，用于无透明通道的图像；PNG，用于有透明通道的图像；GIF，用于动态图像；PSD和PROCREATE，用于由图层组成的文件。

图层
　　在数字绘画软件中，图层用于模拟一堆透明的纸。可以创建、重新排列和删除它们，还可以单独绘制或操作它们。图层是数字绘画中重要的工具之一。

线稿
　　一种通过线条而不是涂抹来创作艺术作品的技术。它本身可能是一个作品，但一些艺术家也会将一个粗略的草稿提炼成清晰的线稿，作为绘画的基础。

不透明度
　　事物的不透明或透明程度。在数字绘画的背景下，它指的是笔触或图层的透明度。

弹出窗口
　　弹出窗口是一个下拉菜单或列表，包含其他内容、设置或选项。

透视
　　在绘画内容中，透视是在平面上对三维深度的表示，如屏幕或页面。

Prefs
　　Prefs是Preferences（预设）的缩写，是【操作】菜单下的一个包含Procreate的常规设置菜单。

压力敏感度
　　软件接收笔触压力并以数字方式再现的能力。

RGB
　　通过红、绿、蓝的数值来控制颜色的一种色彩模式。

堆栈
　　堆栈是图库中的文件组，是Procreate所特有的功能。

触控笔
　　一种类似于笔的工具，可以让你在触敏设备上浏览使用，如iPad。

选项卡
　　菜单的一部分。每个菜单可能有多个选项卡，每个选项卡会列出不同类别的选项。

缩略图
　　初步阶段或草稿版本的艺术作品，或者在软件中进行预览的艺术作品。

倾斜灵敏度
　　软件接收屏幕上触控笔笔尖倾斜的角度并以数字方式再现的能力。

缩时视频
　　Procreate所特有的功能，可将图像创作的每一步加速录制下来。

工作流程
　　从头到尾进行项目开发的过程。一些艺术家可能会绘制出草图和色稿，然后使用已完成的颜色覆盖并清理线稿。随着时间的推移，每一位有经验的艺术家都会发展出自己独特的工作流程。

亮度值
　　在绘画过程中，亮度值是指颜色的明暗。

工具指南

阿尔法锁定 44～45
一种允许你在图层上锁定透明像素的设置，只允许在已经可见的像素上绘制。

图层混合模式 46～47
一种确定两个图层或多个图层之间相互作用的设置。默认模式为【正常】，它的交互模式就像将两张纸堆叠在一起一样。其他模式可以模拟变亮、变暗及其他颜色之间的交互方式。

模糊 58～59
可以模糊图层像素的调整命令。相反的效果是锐化。

画笔 28～35
数字绘画的主要工具。Procreate的画笔库包含各种各样的画笔，可以模拟不同的媒介和效果。

剪辑蒙版 49
多个图层之间的交互，它将一个图层设置为父级图层，将其余图层设置为子级图层。子对象不能在父对象的像素之外绘制。

颜色平衡 63
通过图像中红色、绿色和蓝色的数值来控制颜色的设置。

色彩快填 40
一种专门用于Procreate的工具，通过将色样拖放到画布上，用纯色填充封闭区域。

【颜色】弹出窗口 38～41
点击界面右上角的颜色图标打开【颜色】弹出窗口。【颜色】弹出窗口可以通过不同的模式，包括色盘、经典、值和调色板来选择和调节颜色。

色盘 38
界面右上角的圆形图标表示当前选择的颜色。色盘也是各种颜色模式中组成调色板的小颜色方块。

裁剪 68
可以用来裁剪和控制画布尺寸的工具。

曲线 64
通过直方图控制图像颜色的设置，主要用于控制图像的明暗值。

自定义画笔 33～35
由Procreate用户从头开始制作的画笔，或者由现有默认画笔调整而成的画笔。

绘图指引 69
这是一个在Procreate画布上创建和编辑网格的工具，可以在绘图时用作参考。

绘图辅助 69
此工具可将线条捕捉到上次使用的绘图指引处。可以为每个图层打开或关闭它。

擦除 28, 30
从画布擦除像素的工具。

色相、饱和度、亮度（HSB） 63
通过色相、饱和度、亮度来控制颜色的色彩模式，在Procreate和其他数字绘画软件中，用于对图像进行调整。

液化 62
可以控制、扭曲，并重新塑造画布像素的工具。

锁定 44
锁定图层后，会阻止你对其进行操作或绘制。

磁性 57
Procreate的特有功能，此设置可以以固定增量沿水平、垂直或对角轴移动对象。

蒙版 48
一个非破坏性的工作流工具，能够隐藏图层的内容而不删除它。

杂色 61
在图层上产生杂色的设置，类似于照片或视频录制的外观。它在想要创建纹理时很有用。

压力曲线 70
在Procreate中，压力曲线可以调整软件如何反映笔触强度的设置。

速选菜单 71，196
Procreate所特有的，这个菜单包含6个可定制的命令，可以通过自定义手势来调用。

速创形状 36～37
Procreate所特有的工具，使用此工具可以画出完美的线条和基本的几何形状，并且此工具具有能够自动平滑手绘线条的功能。

重新着色 65
可以选择颜色区域并将其更改为预选颜色的调整命令。

选区 50～53
在大多数数字绘画软件中都能够找到的一种工具，允许用户隔离特定区域以进行编辑或操作。以此方式隔离的内容区域是活动选区。

涂抹 28, 30
Procreate中的一种工具，使用此工具可以移动和涂抹绘制内容，而不是创建或擦除绘制内容。

变换 54～57
Procreate中的一个工具，使用此工具可以修改艺术作品中元素的位置、比例和尺寸，也可以对它们进行移动、变形或扭曲。

撤销/重做 25
在绘画过程中，撤销表示后退一步，重做则表示往前一步。

可下载资源

以下资源可供下载,以便你在入门时进行试验,并帮助你完成每个项目。我们建议你在开始一个项目之前下载这些资源。

基础入门
- 带图层的示例图像

插图——伊兹·伯顿
- 缩时视频
- 线稿

角色设计——艾芙琳·斯托卡特
- 缩时视频
- 角色探索的缩时视频
- 线稿

奇幻景观——塞缪尔·英基莱宁
- 缩时视频
- 塞缪尔·英基莱宁画笔集
  - 技术铅笔
  - 速写画笔
  - 不透明油性画笔
  - 硬边缘椭圆
  - 软气笔
  - 格雷戈里
  - 粉笔
  - 灌木丛
  - 水母图章
  - 斑点
  - 硬边涂抹
  - 涂抹

幻想生物——尼古拉斯·科尔
- 缩时视频
- 线稿
- Max方头彩粉画笔(Max方头彩粉画笔©马克斯·乌利奇尼。此画笔来自马克斯默认画笔套装。可以访问maxpacks.art并购买马克斯画笔)
- 塔拉的椭圆形素描NK画笔©塔拉贾里吉在本项目中也使用了。可以访问gumroad.com/dizzytara并购买塔拉的椭圆形素描NK画笔

可下载资源

传统媒体——马克斯·乌利奇尼
- 缩时视频
- 线稿
- 马克斯套装画笔集
  - MaxU水粉鬃毛画笔
  - MaxU云朵纹理水粉画
  - MaxU水粉粗画笔
  - MaxU萨门托素描

访问maxpacks.art以查找更多马克斯画笔

户外写生——西蒙妮·格吕内瓦尔德
- 缩时视频

科幻生物——山姆·纳索尔
- 缩时视频
- 线稿
- 山姆·纳索尔的迷你画笔套装
  - Sam实用画笔
  - Sam滚筒画笔
  - Sam平涂画笔
  - Sam简易水粉画画笔
  - Sam硬滴画笔

太空飞船——多米尼克·梅耶
- 缩时视频
- 线稿

图片©山姆·纳索尔

伊兹·伯顿

izzyburton.co.uk

伊兹·伯顿是英国的自由导演和艺术家,从事动画和插图创作。她是屡获殊荣的动画短片《Via》的导演,如今在《麻烦制造者》和激情制片公司的《创造性人才培养计划》担任导演,在Bright Agency担任插画师。

▲ 自由导演&艺术家

塞缪尔·英基莱宁

samuelinkilainen.com

塞缪尔·英基莱宁是一位2D数字艺术家,居住在芬兰拉普兰的一个城市——托尔尼奥。他热衷于数字山水画,其中融合了一些传统水彩画。

▲ 自由2D艺术家

西蒙妮·格吕内瓦尔德

instagram.com/schmoedraws

西蒙妮·格吕内瓦尔德是来自德国的插画家和角色设计师。你可能在Instagram, YouTube, 或Patreon上看过她的创作。西蒙妮在游戏产业中担任艺术家和艺术总监已有十余年,并帮助塑造了许多游戏的外观。

▲ 自由插画家&角色设计师

尼古拉斯·科尔

nicholaskole.art

尼古拉斯·科尔在娱乐界有着十年的工作经验,现在他在iPad上应用Procreate全职绘制龙和巫师。你可能从《小龙斯派罗重燃三部曲》中认出他最新的角色设计作品,而他的其他客户包括迪士尼、梦工厂、暴雪、任天堂、华纳兄弟、拳头公司等。他居住在温哥华。

▲ 自由角色设计师&插画家

多米尼克·梅耶

artstation.com/dtmayer

多米尼克·梅耶居住在德国纽伦堡，是一名专业的概念艺术家和插画师，曾多次参与视频/桌游/卡牌游戏和电影的制作。他热衷于探索新的宇宙、独特的世界、引人入胜的故事和设计，并将它们作为他创造的一部分。

▲ 自由概念艺术家 & 插画家

卢卡斯·佩纳多

lucaspeinador.com

卢卡斯·佩纳多来自哥斯达黎加，是一位插画家和概念艺术家，从事电子游戏行业。他是一位充满激情的内容创作者，致力于为有抱负的艺术家提供知识，并激励他人进行创作。同时他也是一位优秀的萨尔萨舞舞者。

▲ 插画家 & 概念艺术家

山姆·纳索尔

samnassour.com

山姆·纳索尔是英国伦敦的一位艺术总监和视觉开发艺术家，从事娱乐和动画行业，为卡通网络、梦工厂频道、迪士尼频道、奈飞等工作室提供素材。他最近在蓝色动物园拍摄了新的帕丁顿电视剧系列，并在Escape工作室教授角色设计课程。

▲ 艺术总监 & 视觉开发艺术家

艾夫琳·斯托卡特

avelinestokart.com

艾夫琳·斯托卡特是比利时的角色设计师和漫画家。她热衷于角色设计和宇宙设计，在阿尔贝雅卡尔高等专科学校学习了3D动画，并继续自学。艾夫琳目前是一名自由职业者，为出版和动画领域的各种客户服务。

▲ 角色设计师 & 漫画艺术家

马克斯·乌利奇尼

maxulichney.com

马克斯·乌利奇尼是洛杉矶的一位插画家和动画艺术总监。他的Procreate马克斯套装画笔被全世界的专业人士和初学者所使用。他期待着创作自己的第一本儿童读物。

◀ 插画家，艺术总监 & 马克斯套装画笔创作者

图片 © 伊格纳西奥·巴赞·拉兹卡诺

初学者指南

通过我们广受欢迎的初学者指南系列开始一个新的艺术冒险之旅,该系列将教你在草图、Adobe Photoshop数字绘画等方面入门所需的所有知识!

超人气日本动漫原画大师最新力作

动漫轻松画起来！

读者服务

如果读者在阅读本书的过程中遇到问题,可以关注"有艺"公众号,通过公众号中的"读者反馈"功能与我们取得联系。此外,通过关注"有艺"公众号,您还可以获取艺术教程、艺术素材、新书资讯、书单推荐、优惠活动等相关信息。

资源下载方法:关注"有艺"公众号,在"有艺学堂"的"资源下载"中获取下载链接,如果遇到无法下载的情况,可以通过以下3种方式与我们取得联系。

1. 关注"有艺"公众号,通过"读者反馈"功能提交相关信息。

2. 请发邮件至 art@phei.com.cn,邮件标题命名方式为"资源下载+书名"。

3. 读者服务热线:(010)88254161~88254167 转 1897。

投稿、团购合作:请发邮件至 art@phei.com.cn。

扫一扫关注"有艺"

反侵权盗版声明

电子工业出版社依法对本作品享有专有出版权。任何未经权利人书面许可，复制、销售或通过信息网络传播本作品的行为；歪曲、篡改、剽窃本作品的行为，均违反《中华人民共和国著作权法》，其行为人应承担相应的民事责任和行政责任，构成犯罪的，将被依法追究刑事责任。

为了维护市场秩序，保护权利人的合法权益，我社将依法查处和打击侵权盗版的单位和个人。欢迎社会各界人士积极举报侵权盗版行为，本社将奖励举报有功人员，并保证举报人的信息不被泄露。

举报电话：（010）88254396；（010）88258888
传　　真：（010）88254397
E-mail：dbqq@phei.com.cn
通信地址：北京市万寿路 173 信箱
　　　　　电子工业出版社总编办公室
邮　　编：100036